四川盆地页岩气储层改造
工作液技术与实践

周　朗　熊　钢　敬显武　等著

石油工业出版社

内 容 提 要

本书总结了中国石油西南油气田近年来在页岩气开发用滑溜水压裂液方面的技术经验，介绍了川渝页岩储层特性、页岩储层改造工作液、页岩气储层改造工作液配套技术、页岩气压裂及配套技术现场应用。

本书可作为从事酸化压裂工作技术人员及高等院校相关专业师生参考阅读。

图书在版编目（CIP）数据

四川盆地页岩气储层改造工作液技术与实践 / 周朗
等著 . —北京：石油工业出版社，2021.8
ISBN 978-7-5183-4822-0

Ⅰ . ① 四… Ⅱ . ① 周… Ⅲ . ① 四川盆地 – 油页岩 – 油
气开采 – 研究 Ⅳ . ① P618.130.8

中国版本图书馆 CIP 数据核字（2021）第 164738 号

出版发行：石油工业出版社
　　　　　（北京安定门外安华里 2 区 1 号　　100011）
　　　　网　　址：www.petropub.com
　　　　编辑部：（010）64523710　　图书营销中心：（010）64523633
经　　销：全国新华书店
印　　刷：北京中石油彩色印刷有限责任公司

2021 年 8 月第 1 版　2021 年 8 月第 1 次印刷
787 × 1092 毫米　开本：1/16　印张：11.25
字数：200 千字

定价：86.00 元
（如出现印装质量问题，我社图书营销中心负责调换）

《四川盆地页岩气储层改造工作液技术与实践》
编 写 组

组　　长：周　朗

副组长：熊　钢　敬显武

成　　员：（按姓氏笔画排序）

王道成　刘　强　刘友权　许　园

李　伟　李成全　肖振华　陈鹏飞

郭建新　唐永帆　黄晨直　蒲军宏

熊　颖

PREFACE 前言

非常规油气资源，如页岩气、致密油气等作为油气资源勘探开发的一个新方向，在世界能源战略中占有举足轻重的位置，目前已成为代替常规油气能源、支撑油气革命的核心支柱。美国页岩气革命掀起了世界页岩气勘探开发的高潮，中国紧随其后展开了页岩气全方位的技术攻关，经过十多年的发展，已建立多个页岩气商业开采示范区，为页岩气持续高速发展提供了有效的基础保障。

四川盆地页岩气资源丰富，储量巨大，已成为我国页岩气勘探开发的桥头堡，现已建成涪陵、长宁—威远等页岩气开发示范区。但四川盆地页岩储层分布非均质性强，构造复杂，勘探开发难度较大。页岩气储层的复杂特点导致开发过程中气体渗流机理、压裂增产原理和相应的改造技术明显不同于常规气藏，为了获得可持续的产气量，需要采取大量的储层增产措施。水力压裂对储层改造效果起着至关重要的作用，而滑溜水体积压裂技术和水平井钻井技术已成为页岩气开发的主要技术支撑。

本书着眼于四川盆地页岩气勘探及开发现状，针对长宁—威远页岩气区块开发过程中储层改造液体技术整体研究及现场应用情况进行了全面的剖析，偏重工程技术应用，对页岩气储层改造液体研究及应用进行了全面、深入的介绍，理论与实践相结合，宏观应用与微观机理相结合，内容充实丰富，具有较强的实用性。全书分5章，分别阐述了川渝页岩储层特性、页岩气储层改造工作液技术、页岩气储层改造工作液配套技术、现场应用实践，希望能够给国内从事页岩气储层改造压裂液体体系相关工作的技术人员提供一些有益的借鉴。第一章由周朗和熊钢编写，第二章由刘友权、唐永帆、许园编写，第三章由陈鹏飞、敬显武、王道成、肖振华、黄晨直编写，第四章由李伟、刘强、李成全编写，第五章由熊颖、郭建新、蒲军宏编写，全书由敬显武，熊颖，陈鹏飞统稿。在编写过程中，中国石油西南油气田分公司天然气研究院从事页岩气储层改造的专业技术人员提出了许多宝贵意见，并且提供了丰富资料。在本书即将出版之际，对所有提供指导、关心、支持与帮助的单位、领导、技术人员、相关课题的参与人员以及为本书所引用参考文献的有关作者表示衷心的感谢。

由于编者水平有限，疏漏和不当之处在所难免，敬请广大读者批评指正！

CONTENTS 目录

第一章　概　　论

本书所指的四川盆地及其周缘主要包括四川盆地、周围前陆盆地、渝东—湘鄂西和黔北—黔中等地区。该区是我国海相地层油气勘探的主要地区，尤其是四川盆地，是我国天然气探明储量、气田发现数量和天然气产出数量最多的盆地。四川盆地及其周缘经历了古生代以来长期的构造演化，具有从克拉通盆地到前陆盆地复杂的地质条件，天然气勘探工作难度大，目前的探明率仍不足。四川盆地古生界泥页岩烃源岩发育，天然气资源丰富，是一个高复杂、高难度、高风险的勘探领域。

第一节　国内外页岩气开发概况

2018 年，全球页岩气产量 $6703 \times 10^8 m^3$，其中美国 $6072 \times 10^8 m^3$、加拿大 $480 \times 10^8 m^3$、中国 $108 \times 10^8 m^3$、阿根廷 $43 \times 10^8 m^3$。根据美国能源信息署 EIA 发布的《能源展望 2019》预测，2050 年之前，页岩气都将是美国天然气产量增长的主要领域，页岩气将为美国贡献约 3/4 的天然气产量。根据 BP 预测，2035 年之前，美国页岩气是全球天然气供应增长的主要来源。早在 2011 年底，国务院正式批准页岩气成为我国第 172 个独立矿种，这意味着页岩气的勘查和开发已经上升为我国国家发展战略。国家能源局 2013 年 12 月 5 日发布消息称我国页岩气勘探开发取得重大进展。中国石化重庆涪陵国家级示范区页岩气井平均单井产量 $15 \times 10^4 m^3/d$，累计实现商品气量近 $7300 \times 10^4 m^3$。中国石油长宁—威远、昭通两个国家级示范区和富顺—永川对外合作区，累计实现商品气量 $7000 \times 10^4 m^3$。2014 年 3 月 24 日中国石化宣布我国首个大型页岩气田——涪陵页岩气田提前进入商业化开发阶段。

目前，我国是全球第三个实现页岩气商业性开发的国家，页岩气产量快速增长，2020 年达到 $200.4 \times 10^8 m^3$。截至目前全国探明天然气储量

$17865 \times 10^8 m^3$，页岩气已经成为国内天然气产量增长重要领域。以 2020 年天然气总产量进行预测，按年均增率为 7%～8% 预测，2025 年全国天然气产量的预测值为（2707～2836）$\times 10^8 m^3$，其中页岩气产量的占比将为 13.8%～14.5%。

一、国外页岩气开发现状

页岩气资源广泛分布于全球各地，而美国在页岩气勘探及开发领域起步较早，是第一个实现页岩气商业开发的国家。因此，美国页岩气勘探开发的历史及其技术具有较强的代表性。

1821 年，纽约 Chautauga 县泥盆系 Dunkirk 组页岩成功完钻了第一口页岩气井，正式拉开了美国页岩气工业开发的序幕。此后，相继在宾夕法尼亚、俄亥俄等州钻探了一些浅井，但产量很低，没有引起足够的重视。20 世纪 90 年代以来，页岩气工业得到迅猛发展，页岩气产量大幅度提高，1989 年为 $42 \times 10^8 m^3$，保持持续增长的趋势，10 年内产量翻番，并于 2001 年首次突破百亿立方米，达到 $102.8 \times 10^8 m^3$。从市场化角度而言，美国页岩气开发热潮始于 2008 年，当年油价达到 145 美元 /bbl❶，大量的中小型石油企业加入页岩气开发进程中。至 2016 年，美国页岩气工业的迅猛发展引起了跨国石油巨头的关注，进而埃克森美孚、雪佛龙等石油巨头投入了大量资金，掀起了第二次页岩气开发热潮，并逐步从小规模"作坊工厂模式"向大规模、重投资的"大工业模式"迈进[1-3]。

页岩气产能的大幅提升则得益于 2003 年以来水平井与压裂工艺的推广，同时加密井网部署方案使页岩气采收率提高了 20%，页岩气产量得到提升。2007 年开始进入页岩气开发高潮，水平井是美国页岩气勘探开发的绝对主力。据 EIA（2015）统计，每年的水平井增量为 6000～7000 口，2011 年页岩气产量突破 $2000 \times 10^8 m^3$，2014 年更是高达 $3637 \times 10^8 m^3$，占全部天然气产量的 42.3%。截至 2018 年，水平井贡献的页岩气产量已高达 97%。在 Marcellus 地区，水平井贡献的页岩气产量甚至高达 99%[6]。

截至 2018 年，美国页岩气产量约为 $5932 \times 10^8 m^3$，在美国天然气总产量中占比达到 68%。目前，页岩气已经成为美国天然气供应来源的主力。据 EIA 最新预测，2030 年和 2050 年页岩气产量将分别占全美天然气总产量的 77.2% 和 79.0%（图 1-1）。美国东部地区均为页岩气的主产区[7-8]。2020 年，美国页岩气产量占全美天然气总产量的 68.3%，且主要来自 Marcellus、Eagle Ford、

---

❶ 1bbl=158.987dm³。

Haynesville、Barnett、Niobrara、二叠盆地等区块。其中，阿巴拉契亚地区（包括 Marcellus 和 Utica）是美国页岩气产量最大、增长最快的地区，该地区 2017 年的产量约为 $7 \times 10^8 \mathrm{m}^3/\mathrm{d}$，占美国页岩气总产量的一半以上。阿纳达科地区（包括 Woodford、STACK、SCOOP 等页岩区）、二叠盆地、Eagle Ford 和 Haynesville 4 个地区的页岩气产量约为 $4 \times 10^8 \mathrm{m}^3/\mathrm{d}$。Bakken 和 Niobrara 页岩区以页岩油为主，页岩气产量相对较低，仅约 $1 \times 10^8 \mathrm{m}^3/\mathrm{d}$。根据 EIA 的统计，近 10 年，美国页岩气产量持续快速增长，除 2016 年 9—10 月出现过较明显的下降外，其他时间几乎未受近年油气价格低迷的影响。2018 年，美国页岩气平均产量约为 $13 \times 10^8 \mathrm{m}^3/\mathrm{d}$，同比增长约 7%[4-5]。

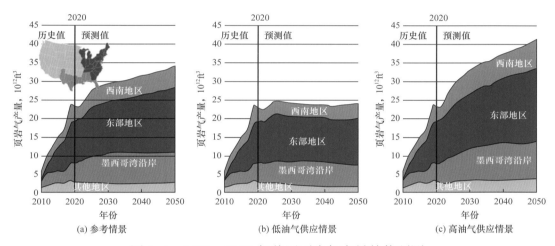

图 1-1　2021—2050 年美国页岩气产量趋势预测

目前，只有美国、加拿大、中国和阿根廷 4 个国家有商业页岩气生产，随着技术的革新，预测至 2040 年其他国家（主要是墨西哥和阿尔及利亚）的页岩气资源得到一定程度的开发，前 6 个国家页岩气总产量将占全球页岩气产量的 70%。预计美国页岩气日产量将从 2015 年的 $1.05 \times 10^8 \mathrm{m}^3$ 增加到 2040 年的 $22.4 \times 10^8 \mathrm{m}^3$，届时将占美国天然气年产量的 70%。

加拿大是继美国之后，较早发现页岩气可观经济资源并进入商业开发初期阶段的国家。美国成功的页岩气勘探经验、丰富的资源量及能源需求的不断上涨是推动加拿大页岩气发展的主要动力。加拿大从 2000 年开始加强了重点针对 11 个盆地（地区）的页岩气研究，涉及地层包括古生界（寒武系、奥陶系、泥盆系等）和中生界（三叠—白垩系），页岩气（包括煤层气）勘探研究主要集中在加拿大西部沉积盆地，横穿萨斯喀彻温省的近 3/4、艾伯塔的全部和大不列颠哥伦比亚省东北角的巨大条带。此外，Willislon 盆地也作为潜在的气源盆地，白垩系、侏罗系、三叠系和泥盆系的页岩被确定为潜在气源层位。加拿大西部沉积盆地的页岩气开发还处于初期阶段，但是对页岩气的研究已经在很多地区和地层开展起来。2009 年，加拿大页岩气产量达到 $72 \times 10^8 m^3/d$，产于 Montney 和 Horn River 两个页岩气区带。2015 年，EIA 评估加拿大页岩气地质资源量为 $42.2 \times 10^{12} m^3$，技术可采储量为 $11 \times 10^{12} m^3$。据先进资源国际公司（ARI）预测，在不久的将来，页岩气资源将成为加拿大西部盆地重要的勘探目标之一[9]。

欧洲页岩气资源主要分布在波兰、法国、挪威、瑞典、乌克兰、丹麦等国，据 EIA 2015 年预测，欧洲页岩气技术可采资源量为 $18.08 \times 10^{12} m^3$，其中以波兰和法国最多，分别为 $5.3 \times 10^{12} m^3$ 和 $5.1 \times 10^{12} m^3$。目前，欧洲多个盆地正在开展页岩气勘查，其中以波兰的 Silurian 页岩、瑞典的 Alum 页岩以及奥地利的 Mikulov 页岩进展最快，据初步估算，这 3 个盆地页岩气资源潜力为 $30 \times 10^{12} m^3$，可采资源量为 $4 \times 10^{12} m^3$ [10-12]。

亚太地区页岩气资源前景广阔，经过初步勘查，澳大利亚发现许多页岩气远景区，如 Amadeus 盆地、Cooper 盆地和 Georgina 盆地，在 Beetaloo 盆地的全球最老地层——元古界震旦系发现了页岩气，有机碳含量为 4%，R_o 值高达 3.49%，预测该盆地页岩气资源量为 $5600 \times 10^8 m^3$。新西兰在 North Island 的 East Coast 有两套富有机质页岩沉积，更深的 Whangai 页岩储层物性与 Barnett 页岩相似。在亚洲，印度国家石油公司（ONGC）已经开始评估印度的页岩气可采资源量，日本、印度尼西亚等国已开始启动部署能源的"非常规转型"。

二、国内页岩气开发现状

与美国等北美地区国家相比，中国页岩气研究起步较晚。自 20 世纪 60 年代以来，不断在松辽、渤海湾、四川、鄂尔多斯、柴达木等几乎所有陆上含油气盆地中发现了页岩气或泥页岩裂缝性油气藏，典型代表有 1996 年在四川盆地威远古隆起上钻探的威 5 井，在古生界寒武系筇竹寺组海相页岩中获得日产气 $2.46 \times 10^4 m^3$。1994—1998 年，中国还专门针对泥页岩裂缝性油气藏做过大量工作，此后许多学者也在不同含油气盆地探索过页岩气形成与富集的可能性。

自 2010 年中国第一口页岩气勘探评价井——威 201 井在上奥陶统五峰组—下志留统龙马溪组海相页岩中获工业气流后，中国借鉴北美页岩气勘探开发的成功经验，以南方下古生界五峰组—龙马溪组、筇竹寺组（及相当层位）

海相页岩为重点，开展页岩气地质综合评价、勘探评价及开发先导试验，陆续在四川盆地、渝东鄂西、滇黔北、湘西等地区五峰组—龙马溪组发现页岩气，并在四川盆地威远、长宁（长宁—昭通）、富顺—永川、涪陵等地区获得工业页岩气产量。

不同机构对中国页岩气地质资源量及可采资源量进行了概略评估，页岩气资源量估算结果表明中国页岩气资源十分丰富，勘探和开发意义重大（表1-1）。同时，调查表明中国页岩气资源十分丰富，但地质条件复杂、资源类型多、分布相对集中，具有海相、陆相和海陆交互相3种类型富含有机质泥页岩，划分为南方区、中部区、北方区3个大区，扬子区、东南区、北方区等9个分区，已规划5个重点勘探开发和生产区域，包括四川盆地、渝东鄂西、黔湘、鄂尔多斯盆地、塔里木盆地。中国页岩气资源总量大，但基于评价方法和认识的不同，各家研究机构的资源评价预测结果有较大出入。根据中国石油天然气股份有限公司（简称中国石油）第四次最新资源评价结果，中国陆上页岩气可采资源量为 $12.85 \times 10^{12} m^3$，其中海相页岩气可采资源量为 $8.82 \times 10^{12} m^3$，占比为69%；海陆过渡相页岩气可采资源量为 $2.37 \times 10^{12} m^3$，占比为18%；陆相页岩气可采资源量为 $1.66 \times 10^{12} m^3$，占比为13%[13]。

表1-1 中国页岩气资源量预测结果　　　　单位：$10^{12} m^3$

机构	评价时间	资源类型	海相	海陆交互相	陆相	合计
美国能源信息署（EIA）	2011年	地质资源量	144.5	—	—	144.50
		可采资源量	36.10	—	—	36.10
	2013年	地质资源量	93.60	21.64	19.16	134.40
		可采资源量	23.12	6.54	1.91	31.57
国土资源部	2012年	地质资源量	59.08	40.08	35.26	134.42
		可采资源量	8.19	8.97	7.92	25.08
中国工程院	2012年	可采资源量	8.80	2.20	0.50	11.50
中国石油勘探开发研究院	2014年	地质资源量	44.10	19.79	16.56	80.45
		可采资源量	8.82	3.48	0.55	12.85

1994—1998年，中国学者专门针对泥岩、页岩裂缝性油气藏做过大量工作，此后许多学者也在不同含油气盆地探索过页岩气形成与富集的可能性。2000—2005年，国内学者多关注北美在富有机质页岩中勘探开发天然气的新成就，但从2005年起把视角投向中国本土，寻求中国页岩气形成与富集的地质

条件，调查页岩气资源潜力，探索中国页岩气的发展前景；2012 年 11 月，焦页 1HF 井在龙马溪组压裂成功，试获日产气最高 $20.3 \times 10^4 m^3$，测试稳定产量为 $11 \times 10^4 m^3/d$，随后在焦石坝构造多口井连续试获高产工业气流。截至 2016 年底，全国页岩气产量达到 $78 \times 10^8 m^3$，2012—2016 年页岩气累计产量达到 $134 \times 10^8 m^3$，其中中国石化 2016 年页岩气产量约为 $50 \times 10^8 m^3$，中国石油 2016 年产量约为 $28 \times 10^8 m^3$。归纳起来，中国页岩气勘探开发历史暂可划分为泥页岩裂缝性油气藏勘探开发、页岩气地质条件研究与关键开发技术储备、勘探评价突破与开发先导性试验、成功实现页岩气工业开发等过程，其里程碑事件总结于图 1-2 中。

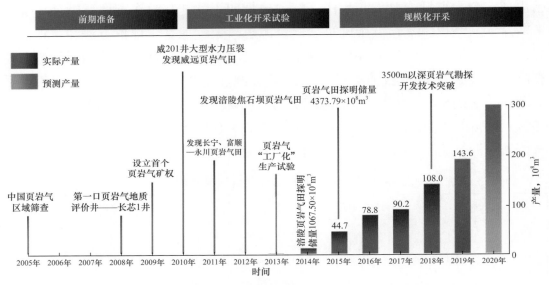

图 1-2　中国页岩气开发历程重要事件及阶段划分

中国页岩气勘探开发始于 2005 年，历经前期准备、工业化开采试验及规模化开采 3 个阶段 15 年的不懈探索，海相页岩气在四川盆地 3500m 以浅实现了规模有效开发，3500m 以深已获得突破（图 1-2）。海陆过渡相和陆相页岩气处于评价阶段，部分地区展现出较好的苗头。在鄂尔多斯盆地延长组和山西组完钻 66 口评价井，单井最高测试产量为 $5.3 \times 10^4 m^3/d$；在四川、柴达木、南华北等盆地均证实有过渡相和陆相页岩气的存在[14-15]。

中国开展页岩气勘探开发以来，历经了从页岩气地质研究、"甜点"区评选与评价井钻探及勘探开发前期准备，到海相页岩气工业化开采试验、海陆过渡相与陆相页岩气勘探评价两大发展阶段，正有序向海相页岩气规模化开采、海陆过渡相与陆相页岩气工业化开采试验阶段递进。

中国页岩气地质条件、成藏机理和富集规律的研究，始于对美国页岩气基础理论及勘探开发实践技术的研究。之后主要依据美国 5 套页岩烃源岩、储层及页岩气等特征，与中国地质条件对比分析，研究页岩气的成藏机理、成藏条件及主要成藏要素，为选区评估和资源量估算等工作奠定了较好的基础；也进行了与常规天然气、致密砂岩气、深盆气、根缘气等气藏类型的成藏特征及机理对比研究；与此同时，经过系列的页岩气成功或失败的勘探案例，许多学者逐步开展适合中国地质特征的页岩气成藏机理与富集规律的研究工作，并取得了对复杂地质条件下的页岩气成藏机理的基本认识。翟刚毅等提出中国应选择深水陆棚相富有机质优质页岩作为开发有利层段，构造抬升时间和构造样式耦合控制页岩气富集。蒋裕强等在大量调研资料研究的基础上，认为页岩气储层研究内容包括有机质丰度、热成熟度、含气性、厚度、储层物性、矿物组成、脆性、力学性质 8 个方面。于炳松探讨了页岩气储层的评价内容，认为其除与常规储层相同的储层岩石学特征和物性特征外，还应考虑其吸附天然气的能力及其压裂改造的难易程度，即应包括储层岩石组成特征与空间分布、储层孔渗特征、储集空间特征、储层含气性和储层岩石力学性质等。胡昌蓬等研究了页岩气储层的评价优选，包括成藏控制因素（总有机碳含量、储层厚度、有机质成熟度、矿物组成、温度、压力、孔渗参数等）和后期储层改造因素（埋深、裂缝、岩石力学性质等）。中国页岩气成藏、地质情况与美国略有不同，在页岩气储层优选上可以借鉴，但不能照搬美国模式。

中国南方龙马溪组海相页岩储层，众多学者对其从有机地球化学特征、矿物岩石学特征、孔隙度和渗透率及孔裂隙结构特征等方面展开研究，表明储层以厚度大（20～500m）、高有机碳含量（平均大于2.0%）、高热演化程度（大于1.5%）、高脆性矿物含量（50%～70%）、普遍存在异常高压、低孔低渗透为特征，有利发育层段位于龙马溪组下段，具有良好的生烃条件及储集能力，孔渗特征为控制气藏开发效益的关键因素。通过对成功商产的焦石坝地区成藏富集模式的研究认为，良好的生烃条件、立体的裂缝网络、有利的构造背景—保存条件与储层超压条件为高产区页岩气田的主要特征，对进一步的页岩气开发具有指导意义[16-17]。

中国页岩气资源分布极为广泛，从平面盆地分布来看，四川盆地、鄂尔多斯盆地、渤海湾盆地和准噶尔盆地等海相、海陆交互相及陆相 3 套页岩具有较好的资源勘探前景。从垂向地层分布来看，南北两分特点明显：南方海相页岩，而北方陆相及海陆交互相页岩；南方以古生界为主，而北方以中—

新生界为主，均具有页岩气成藏的基本地质条件和可能性。南方古生界发育上震旦统陡山沱组页岩、下寒武统页岩（筇竹寺组为主，与之相当的川黔鄂地区的牛蹄塘组或水井沱组，苏浙皖地区的高家边组或荷塘组、冷泉王组等）、上奥陶统（五峰组）页岩、下志留统（龙马溪组）页岩等多套海相黑色富有机质页岩，且早期常规油气勘探中上述海相页岩地层中许多地方发现气藏或见到良好气测显示。北方晚古生代—中生代发育的众多海陆交互相及陆相泥页岩，如沁水盆地石炭—二叠系煤系泥页岩，鄂尔多斯盆地石炭—二叠系煤系泥页岩及上三叠统延长组，准噶尔盆地二叠系泥页岩，松辽盆地下白垩统的青山口组黑色泥岩，渤海湾盆地古近系沙河街组沙三段底部泥页岩，泥页岩地层均广泛发育，部分地区已被勘探实践证实绝大部分为大型盆地中的优质烃源岩。

在海相页岩气勘探开发方面，主要集中在南方下古生界页岩，其中中上扬子地区下寒武统筇竹寺组（牛蹄塘组）、下志留统龙马溪组等层系具有优越的页岩气成藏地质条件和丰富的页岩气资源。聂海宽等、马文辛等依据四川盆地早期常规油气勘探过程中所取得的地质资料及第一口页岩气井（长芯 1 井）的样品分析结果，认为页岩气勘探的首选层系应为川南下志留统页岩。迄今，基本明确南方地区五峰组—龙马溪组为一套页岩气资源量非常丰富的层系，具有普遍含气、大面积富集高产的特征。《页岩气规划（2016—2020）》中，展望到"十四五"及"十五五"期间，我国页岩气，海相、陆相及海陆过渡相页岩气开发均获得突破，新发现一批大型页岩气田，并实现规模有效开发，2030 年实现页岩气产量（800～1000）$\times 10^8 m^3$。

页岩气开发生产的关键是开发技术的进步，目前我国已引进和推广应用的技术主要包括大规模水力压裂技术、多分支水平井钻井技术、微地震监测技术等，目前勘探效果较好、勘探开发力度和成效最突出的有中国石油、中国石化和延长石油 3 家公司。近年来，中国页岩气勘探开发取得重大突破，加快页岩气勘探开发，提高天然气在一次能源消费中的比重，是加快建设清洁低碳、安全高效的现代能源体系的必由之路，也是化解环境约束、改善大气质量、实现绿色低碳发展的有效途径。中国目前已在上扬子区五峰组—龙马溪组 4 个"甜点"区建成涪陵、长宁—威远等千亿立方米级的海相页岩大气田。2017 年，涪陵页岩气田如期建成年百亿立方米产能，相当于建成千万吨级的大油田，2017 年全年产量超过 $60 \times 10^8 m^3$。同年，中国石油西南油气田公司 CNH10-3 井单井页岩气产量突破 $1 \times 10^8 m^3$，中国石油全年页岩气产量超过 $30 \times 10^8 m^3$。2017

年全年，中国页岩气产量超过加拿大，成为世界第二大页岩气生产国。截至2018 年底，累计完钻井数 898 口，提交探明页岩气地质储量超过 $1 \times 10^{12} m^3$，2018 年全年页岩气产量超过 $108 \times 10^8 m^3$。2018 年产量达到 $108 \times 10^8 m^3$，但仅占天然气总产量的 6.8%，远低于美国页岩气在天然气总产量中的比例。目前，除 3500m 以浅海相页岩气资源得到了有效动用外，中国在海相深层、陆相、海陆过渡相等页岩层系中存在巨量资源，随着页岩气勘探开发理论技术配套成熟，未来中国页岩气产量将会大幅攀升[18]。

四川盆地及其周缘奥陶系五峰组—志留系龙马溪组超压海相页岩气，埋深 4500m 以浅面积约为 $3.09 \times 10^4 km^2$，可采资源量约为 $3.78 \times 10^{12} m^3$。中国石油在川南地区 5 个区块埋深 4500m 以浅可工作面积为 $1.83 \times 10^4 km^2$，可采资源量达到 $1.9 \times 10^{12} m^3$，因此四川盆地及其周缘奥陶系五峰组—志留系龙马溪组海相页岩气是目前持续上产的最现实领域。在借鉴北美页岩气成功开发经验的基础上，结合中国页岩气勘探开发的特点，建立了符合中国国情的页岩气勘探开发理论和技术体系，形成了 6 大技术系列 27 项特色技术（图 1-3）。

图 1-3 中国页岩气勘探及开发主体技术

第二节 储层改造工作液技术现状和展望

一、滑溜水技术

滑溜水压裂液是指在清水或其他配液用水（如压裂返排液）中加入少量的降阻剂、表面活性剂、杀菌剂以及黏土稳定剂等添加剂的一种压裂液，简称滑溜水。滑溜水最早在 1950 年被引进用于油气藏压裂中，但随着交联聚合物冻胶压裂液的出现很快淡出了人们的视线。近一二十年来，由于非常规油气的开采得到快速发展，特别是北美页岩气革命的成功，使滑溜水再次被应用到压裂作业中，并得到快速发展。1997 年，Mitchell 能源公司首次将滑溜水应用在 Barnett 页岩气的压裂作业中并取得了很好的效果，与常规大型压裂相比，滑溜水体积压裂可以形成复杂裂缝网络，压裂液使用量约是其 2 倍，支撑剂使用量约为其 10%。尽管滑溜水压裂对页岩气井动态方面效果不佳，但压裂成本降低约 65%，随后滑溜水在美国的压裂改造措施中逐渐得到了广泛应用。到 2004 年，滑溜水的使用量已占美国压裂液使用总量的 30% 以上。

早期应用的滑溜水不携带支撑剂，由于压裂结束后裂缝的闭合作用，压裂产生的裂缝导流能力较差，因此引入支撑剂来提高压裂后的导流能力。室内实验和现场试验均表明，滑溜水携带支撑剂后的压裂效果明显好于不携带支撑剂时的效果，支撑剂能够让裂缝在滑溜水返排后仍保持开启状态，大幅提高了裂缝导流能力。滑溜水最显著的特点是摩阻低，黏度低，对储层伤害小，成本低以及支撑剂携带能力差等。滑溜水采用高分子聚合物作为降阻剂，可将清水的摩阻降低 70% 以上。与传统的线性胶、冻胶压裂液相比，滑溜水中只含有少量的降阻剂等添加剂，使得其毛细管黏度通常小于 $1.5mm^2/s$（部分地区使用的高黏滑溜水表观黏度也仅为 $9mPa \cdot s$ 左右），返排容易，且残渣含量极低，对地层及裂缝的伤害小。由于滑溜水黏度较低，因此其支撑剂携带能力较差，主要依靠紊流、沙坝和（或）沙床来传送支撑剂。由于滑溜水的添加剂用量少，且大部分为价廉易得材料，因此其成本较低[19-21]。

由于滑溜水体积压裂成本相对较低，现已成为页岩气开发中常见的压裂方式。同时，由于压裂成本降低，因此页岩气开发企业可以同时对页岩上下部储层进行压裂，页岩气采收率提高 20% 以上。并且滑溜水体积压裂不使用瓜尔胶，没有压裂液残渣、滤饼，对页岩储层伤害小，裂缝导流能力高。

在滑溜水压裂施工中根据压裂的不同需要，压裂液需要加入不同的添加剂，比如结垢和含细菌时需要特殊的添加剂来防止压裂液的性能下降。分析井的特征、储层性质和压裂液组成等众多因素，选择最合适的添加剂。典型的 Marcellus 页岩滑溜水是以水为主要液体加上降阻剂，添加降阻剂后有利于高速高压泵注这些液体。主要成分是水，含 96% 水、3.57% 支撑剂和 0.43% 添加剂（表 1-2）。Marcellus 页岩储层改造滑溜水共使用了 12 种添加剂，但是针对不同的储层，添加剂的用量及种类是不同的。压裂液添加剂主要组成及一般用途见表 1-3。

表 1-2　典型的 Marcellus 页岩压裂施工的液体组成

组分	比例，%
水	95.9719
支撑剂	3.575
胶凝剂	0.0540
铁离子稳定剂	0.054
破胶剂	0.0237
缓蚀剂	0.0105
pH 调节剂	0.0093
杀菌剂	0.0065
降阻剂	0.0395
表面活性剂	0.0016
交联剂	0.0008
酸	0.1186
KCl	0.0844
防垢剂	0.0822

表 1-3　压裂液添加剂主要组成及一般用途

添加剂种类	主要组成	用途
15% 稀酸	盐酸	溶解矿物，初步建立裂缝
杀菌剂	戊二醛	杀菌
破胶剂	过硫酸铵	可以延迟破胶
缓蚀剂	$N，N-$ 二甲基甲酰胺	防止腐蚀油管
交联剂	硼酸盐	维持温度升高后液体的黏度
降阻剂	聚丙烯酰胺、矿物油	减小摩阻
胶凝剂	瓜尔胶、羟乙基纤维素	增黏
铁离子稳定剂	柠檬酸	防止铁氧化物沉淀
KCl	氯化钾	配成卤水
除氧剂	亚硫酸氢铵	去除水中溶解氧，防止腐蚀油管
支撑剂	二氧化硅、石英砂	支撑裂缝

添加剂种类	主要组成	用途
pH 调节剂	碳酸钾或碳酸钠	保持交联剂等其他成分的有效性
防垢剂	乙二醇	防止垢在油管上沉淀
表面活性剂	异丙醇	增加压裂液的黏度

Universal Well 服务公司 J.Paktinat 等研究表明，由于有自然裂缝渗漏和高的毛细管力，导致液体对储层有伤害，表面活性剂常用来降低毛细管力提高返排，但是许多添加剂很快被页岩储层吸收，降低了表面活性剂的功效，在储层中导致水锁。在滑溜水中加入微乳表面活性剂体系有利于降低孔隙毛细管力，促进压裂液从致密的页岩岩心中排出，使注入低渗透岩心的压裂液被替代出来。普通的降阻剂有阴离子、阳离子和非离子聚丙烯酰胺，耐温 204℃，温度超过 288℃后易分解。通常 4.5m³ 水添加 4.5L 降阻剂。哈里伯顿公司的 David E.McMechan 发明了一种降阻液体，其由阴离子降阻聚合物、多价离子及络合试剂构成，方法包括往含有多价离子的水中加入络合试剂和阴离子降阻聚合物，阴离子降阻聚合物的加量不大于水溶剂质量的 0.15%。降阻聚合物能减少水涡流造成的能量损失，络合试剂能络合部分水中的多价离子，从而进一步降低能量损失。

在 Marcellus 页岩开发中，滑溜水压裂高速泵注低砂浓度支撑剂是一种有效的增产方式。Nathan Houston 等认为足够的液体体积可以产生复杂的裂缝网络，在一定程度上可以弥补液体对页岩基质的伤害。这些液体必须与页岩相配伍，不会伤害裂缝中的小孔径。最低的漏失有助于缓解液体的伤害。他们发现了一种理想的滑溜水添加剂（高分子乳液），它耐盐，与降阻剂配伍，尤其是与具体的页岩岩性配伍。优化后的滑溜水体系含有液体阻漏剂，防止液体漏失。优化后的降阻剂不仅能够降低摩阻、降低泵压，而且能够减少 50%～75% 的水功率。

Brannon 等研究提出了新型的滑溜水和交联聚合压裂液，新型滑溜水具有滑溜水和常规压裂液优点，可以最大限度地将支撑剂输送到更远的距离，形成复杂的裂缝网络。交联聚合压裂液可以在压裂过程中控制黏度变化，压裂初期该液体为黏度较低的滑溜水，使压裂过程中形成复杂的裂缝网络，压裂中期可以提高黏度，提高液体的携砂性能。因而，该体系既具有滑溜水和交联凝胶体系的优点，又克服了两者的缺点[22-23]。

二、胶液技术

冻胶压裂液主要采用瓜尔胶或合成聚合物作为稠化剂，再以一定的交联剂交联而成。冻胶压裂液黏度较高，一般达到几百毫帕·秒，因此，具有携砂能力强、滤失低、造缝能力强等优点。在 1995 年以前，美国页岩气压裂广泛采用冻胶压裂技术。但冻胶压裂液适合高渗透并且脆性较差的地层，对于低渗透的页岩气层来说，冻胶压裂液黏度高，不利于形成复杂缝网，改造体积有限。冻胶压裂液黏度高，不容易彻底破胶，残渣含量高，对储层伤害大。此外，冻胶压裂液稠化剂浓度高，成本较高。随着体积压裂技术以及滑溜水压裂液的应用，冻胶压裂液在页岩气压裂中的应用逐渐减少，目前主要用来作为页岩气压裂造主裂缝以及后期携砂充填主裂缝。

随着储层渗透率的降低，岩石中黏土含量降低，脆性增加，冻胶压裂液形成的双翼裂缝效果变差。随着页岩气压裂技术的发展，石油工程师们提出了线性胶压裂液，在应用中取得了较好的效果，线性胶成为一种重要的页岩气压裂液类型。线性胶压裂液以聚合物稠化剂为主剂，加入少量的助排剂、黏土稳定剂等组成。与冻胶压裂液相比较，线性胶一般没有交联，相当于冻胶压裂液的基液，因而黏度相对较低，一般仅为几十毫帕·秒，也因此具有造缝能力强、相对滑溜水较好的携砂性能等优点。相比滑溜水压裂液，线性胶溶液中聚合物含量相对高一些，黏度更大，聚合物的主要作用就是增稠，而滑溜水压裂液中的聚合物减阻剂最主要的目的是减阻。线性胶黏度虽然比冻胶压裂液大幅下降，但是高于滑溜水压裂液，相比滑溜水具有较好的携砂性能。近年来，由于滑溜水压裂液的携砂性能较差，也可采用滑溜水与线性胶交替注入的方式，利用滑溜水造缝、线性胶携砂，充分结合线性胶与滑溜水的优点，既能形成复杂的缝网，又能较好地携砂。

三、其他液体技术

页岩气储层改造工作液除滑溜水压裂液和胶液外，还包括酸液等辅助液体技术。酸液在页岩气储层改造过程中主要用于在正式压裂前降低地层破裂压力，降低初始时的施工泵压。在川南页岩气开发初期，井深相对于现在开发的主要层位更浅、地层压力更低，更关键的是施工排量仅为 $12\sim14m^3/min$，泵压相对更低，因此部分井直接采用滑溜水启裂，未用酸液降低地层破裂压力，只有地层破裂压力较高的井才设计在正式压裂前泵注一段酸液。现在的页岩气开发通常采用更高排量（$16\sim18m^3/min$）施工，且压裂段越来越深，地层压力也越来越高，因此大部分井采用酸液降低地层破裂压力的模式进行压裂改造。

页岩气用酸液都是常规的盐酸体系，盐酸浓度从最初的20%降至现在的15%，酸液用量从最初的20m³/段降至10～20m³/段，其性能主要考虑有效酸浓度和对管柱的腐蚀速率。

从页岩气用酸液的发展趋势来看，酸液配方基本固定，未有大的发展空间，更多的研究方向在于研究酸液用量的适应性和配伍性等。现场的部分专家认为，每段注入酸液降低地层破裂压力的模式势必增大了压裂返排液的矿化度，特别是高价金属离子，这对于后续压裂返排液的回用会带来一定影响。因此在确保地层顺利压开的基础上，尽量减少酸液的使用量是页岩气压裂用酸液技术的发展方向[24-25]。

参 考 文 献

［1］万玉金，何畅，孙玉平，等. Haynesville 页岩气产区井位部署策略与启示［J］. 天然气地球科学，2021，32（2）：288-297.

［2］Gülen G，Ikonnikova S，Browning J，et al. Production scenarios for the Haynesville shale play［J］. SPE Economics & Management，2015，7（4）：138-147.

［3］Brittenham M D. Geologic analysis of the Upper Jurassic Haynesville shale in east Texas and west Louisiana：Discussion［J］. AAPG Bulletin，2013，97（3）：525-528.

［4］Hammes U，Hamlin H S，Ewing T E. Geologic analysis of the Upper Jurassic Haynesville shale in east Texas and west Louisiana［J］. AAPG Bulletin，2011，95（10）：1643-1666.

［5］董大忠，邱振，张磊夫，等. 海陆过渡相页岩气层系沉积研究进展与页岩气新发现［J］. 沉积学报，2021，39（1）：29-45.

［6］焦方正. 页岩气"体积开发"理论认识、核心技术与实践［J］. 天然气工业，2019，39（5）：1-14.

［7］张珊. 美国页岩气发展现状及对我国页岩气开发的启示［J］. 国外能源，2020，42（6）：21-24，41，47.

［8］滕吉文，司芗，王玉辰. 我国化石能源勘探、开发潜能与未来［J］. 石油物探，2021，60（1）：1-12.

［9］Beyssac O，Goffe B，Chopin C，et al. Raman spectra of carbonaceous material in metasediments：A new geothermometer［J］. Journal of Metamorphic Geology，2002，20：859-871.

［10］Bustin R M，Bustin A M M，Cui A，et al. Impact of shale properties on pore structure and storage characteristics［C］.SPE Shale Gas Production Conference，2008.

［11］Curtis M E，Cardott B J，Sondergeld C H，et al. Development of organic porosity in the Woodford shale with increasing thermal maturity［J］. International Journal of Coal Geology，2012，103：26-31.

［12］Curtis M E，Sondergeld C H，Ambrose R J，et al. Microstructural investigation of gas shales in two and three dimensions using nanometer-scale resolution imaging［J］. AAPG Bulletin，2012，96（4）：665-677.

［13］Gale J F W，Holder J. Natural fractures in some U.S. shales and their importance for gas production［C］//Vining B A，Pickering S C. Petroleum Geology：From Mature Basins to New Frontiers. London：The Geological Society，2010：1131-1140.

［14］Hammes U，Hamlin H S，Ewing T E. Geologic analysis of the Upper Jurassic Haynesville shale in east Texas and west Louisiana［J］. AAPG Bulletin,2011,95（10）：1643-1666.

［15］Weijers L，Wright C，Mayerhofer M，et al. Trends in the north American frac industry：Invention through the shale revolution［C］. The Woodlands，Texas，USA：SPE Hydraulic Fracturing Technology Conference and Exhibition，2019.

［16］马新华.四川盆地南部页岩气富集规律与规模有效开发探索［J］.天然气工业，2018，38（10）：1-10.

［17］董大忠，高世葵，黄金亮，等.论四川盆地页岩气资源勘探开发前景［J］.天然气工业，2014，34（12）：1-15.

［18］蒋恕，唐相路，Steve Osborne，等.页岩油气富集的主控因素及误辩：以美国、阿根廷和中国典型页岩为例［J］.地球科学，2017（7）：1083-1091.

［19］梁峰，拜文华，邹才能，等.渝东北地区巫溪2井页岩气富集模式及勘探意义［J］.石油勘探与开发，2016（3）：350-358.

［20］张金川，陶佳，李振，等.中国深层页岩气资源前景和勘探潜力［J］.天然气工业，2021，41（1）：15-28.

［21］孙焕泉，周德华，蔡勋育，等.中国石化页岩气发展现状与趋势［J］.中国石油勘探，2020，25（2）：14-26.

［22］乐宏，常宏岗，范宇，等.中国页岩气技术标准体系建设与展望［J］.天然气工业，2020，40（4）：1-8.

［23］聂海宽，何治亮，刘光祥，等.中国页岩气勘探开发现状与优选方向［J］.中国矿

业大学学报，2020，49（1）：13-35.

［24］赵文智，贾爱林，位云生，等.中国页岩气勘探开发进展及发展展望［J］.中国石油勘探，2020，25（1）：31-44.

［25］刘建亮，王亚莉，陆家亮，等.中国页岩气开发效益现状及发展策略探讨［J］.断块油气田，2020，27（6）：684-688，704.

第二章　四川盆地页岩气储层特点及改造难点

四川盆地页岩气储量丰富，勘探开发技术日趋成熟，已建立多个页岩气商业开发示范基地，在国内页岩气开发进程中具有较好的代表性。本章针对四川盆地典型页岩气区块，系统陈述典型页岩气区块的储层特征，并总结、概括了页岩气储层改造技术研究及应用进展。

第一节　四川盆地典型区块储层特点

四川盆地及其周缘地层纵向上层系齐全、厚度大，具有多层系、多旋回的特点，盆地边缘主要分布在元古界、古生界，包含大凉山、龙门山、米仓山，还有酸性、基性和超基性岩浆岩。自震旦纪以来，总体上以下沉接受沉积为主，地层层序齐全，包括震旦系、古生界、中生界及新生界，整个沉积盖层累计厚度为 6000~12000m，其中震旦系到中三叠统，发育了广泛的海相沉积，上三叠统为海陆过渡相沉积，侏罗系至新近系为陆相沉积。

一、页岩储层地质概述

页岩气源储一体，无明显圈闭界限，封闭层或盖层仍不少。页岩气储层致密，以纳米级孔隙为主，赋存于富有机质的细粒沉积岩中（通常指页岩），岩石中包含有机质、矿物质、流体（包括水和气体）等组成部分。储层有很多种岩石类型，不仅包括富有机质的高碳泥页岩，还包括黑色页岩所夹的薄层泥质粉砂岩和各种砂岩，并非仅为页岩层，而更多为致密砂岩层。狭义上是指纯的含有机质页岩或泥岩。页岩分布和岩石组成表现为多样性和非均质性，这使得储层中孔隙结构以及渗流特征差异很大[1]。

我国页岩分布从区域尺度上发育有海相、海陆过渡相及陆相页岩，其有机质含量、热成熟度都各有差别，页岩气储层发育区初步分析有四大区域，即南方、中东部、西北及青藏等地区。含有机质页岩的分布与其所在的沉积环境以及构造背景等有很大关系。富有机质暗色泥页岩主要形成在相对海平面上升时期的海侵（湖侵）体系域。陆相盆地中的湖湾、半深湖与海相盆地中的半深海—深海盆地、盆地边缘深缓坡和半闭塞—闭塞的欠补偿海湾地区是富有机质暗色泥页岩发育的有利地区。富有机质页岩的分布还与构造背景密切相关。不同构造背景下的沉积盆地，对富有机质页岩的沉积、成岩以及有机质的保存产生不同影响，其中断陷盆地保存条件较佳。盆地中心沉积环境离物源较远，沉积水体深度相对较深，为弱碱性。对于页岩沉积，不同水体深度具有不同的沉积特征：上部发育硅质或硅钙质浮游水生生物，下部或底部为强还原或富含硫化氢环境，稳定且环境变化大（盐碱度等），有页理发育，容易形成高有机碳含量、高硅质、钙质矿物不含或微含黏土的硅质页岩；海沼或三角洲以及陆相湖盆由于沉积水体相对较浅或相互分隔、近物源、沉积水体多为弱酸性，有利于高岭石及绿泥石等的形成，因而容易形成富有机质、高黏土含量而低硅质、钙质矿物的泥页岩。

页岩组成和结构特性使得页岩气储层非均质性很强，并有纵向、横向非均质性之分。纵向非均质性是纵向上岩石组成、结构构造、孔隙特征、储气性能等的变化规律，横向非均质性是平面上的分布特征。页岩气储层的非均质性主要表征在有机质和组成矿物以及储层结构上。与其他储层相似，岩石的非均质性主要是在原始沉积过程中形成的，也受沉积作用、成岩作用以及构造作用多因素的综合影响。沉积格局的多样性、成岩作用的复杂性、构造演化作用的多阶段性，使得页岩气储层具有空间上分布的非均质性，进而控制储层孔隙空间中流体的聚集和渗流。页岩气储层的非均质性不仅对天然气的成藏、聚集和运移有重要影响，而且对后期储层改造以及页岩气的勘探开发具有十分重要的应用价值。

四川盆地是一个特提斯构造域内长期发育、不断演进的古生代—中新生代海陆相复杂叠合盆地，大致可以分为从震旦纪到中三叠世的克拉通和晚三叠世以来的陆相前陆盆地两大演化阶段，克拉通阶段又可进一步划分为早古生代及其以早的克拉通内坳陷和晚古生代以后的克拉通裂陷盆地两个阶段。其中，震旦纪—中三叠世研究区主要处于相对稳定的沉降阶段，以碳酸盐岩和砂泥岩海相沉积为主，中三叠世以后的印支运动结束了本区的海相沉积历史，研究区普遍褶皱隆升，进入陆相沉积和陆内改造阶段，以河流、湖泊等陆相沉积为主。

褶皱隆升改造阶段，主要构造特征：燕山晚期—喜马拉雅期是四川盆地内造山运动最强烈的时期，使盆地内自震旦纪以来巨厚的海相及陆相地层均发育了强烈的断褶构造，构成了四川盆地，现今的构造面貌和格局由于区域性抬升，造成侏罗系上部及白垩系大幅度地被剥蚀，此阶段使四川盆地全面褶皱、整体隆升和遭受剥蚀作用。

陆相盆地发育阶段，该时期是四川盆地形成发育时期，地壳从以张裂活动为主转变为压扭活动，结束了海相的地台沉积，形成菱形的陆相沉积盆地，盆地周边开始褶皱抬升，并向盆地内递进，发育龙门山、米仓山—大巴山等造山带，并为盆内碎屑岩沉积的陆源沉积中心围绕乐山—龙女寺古隆起呈环形展布，并时有迁移海相台地发育。晚震旦纪—早寒武纪表现为拉张运动，杨子地台从"古中国地台"分离，灯影组发育白云岩，下寒武统则以深水黑色页岩发育为主，中—上寒武统至志留系主要为台地阶段，中—上寒武统主要为白云岩，奥陶系为石灰岩，志留系发育碎屑岩；志留纪末期受隆升剥蚀的影响，大面积地层被剥蚀，仅在川东残留部分石炭系，为白云岩；中二叠世表现为地壳的张裂活动，并伴有大规模的玄武岩喷出，但以发育碳酸盐岩台地相为主。

在常规储层研究中，物性指标是评价储层特征的主要参数，这对于页岩气藏同样适用。页岩的物性指标主要包括孔隙度和渗透率、湿度、厚度、密度等，均影响着页岩的含气量（包括吸附气含量和游离气含量）。

二、页岩气储层特性

页岩主要由各种黏土矿物、碎屑、非碎屑矿物以及有机质组成，并具有很强的非均质性；泥页岩看上去似乎是均质、致密和不渗透的，常作为常规油气的烃源岩和盖层进行研究。在显微镜和扫描电镜下可以观察到不同大小的孔隙、喉道、晶洞和裂缝组成的复杂多孔系统，并具有网状连通的特征。在页岩气研究中，这些孔隙是主要的储集空间，赋存了大量的游离态天然气，孔隙度大小直接控制着游离态天然气的含量及孔隙类型[2]。

页岩储层和砂岩、石灰岩储层有较大的差异，不仅体现在孔隙大小上，而且在孔隙类型、特征和孔径分布上均有较大差别。根据页岩结构和构造、储层特征、储气功能及开采特征，以较大量显微镜和扫描电镜观察为基础，将页岩的孔隙类型分为孔隙和裂缝两大类九小类，不同的裂缝类型、裂缝规模、孔隙类型和孔隙大小对页岩储能、产能的贡献不同，作用也不同。孔隙是页岩中气体的储存空间，很大程度上决定着页岩的储能，而裂缝是页岩层中流体气体和水渗流的主要通道，决定着页岩的产能，由于页岩基质的低孔隙度、低渗透性，裂缝的发育程度是决定页岩气藏品质的关键因素。系统研究页岩的孔隙和裂缝特征对页岩气藏的勘探开发至关重要。

裂缝的发育程度和规模是影响页岩含气量和页岩气聚集的主要因素，但是裂缝更多地影响着渗透率，控制着页岩的连通程度，进一步控制着气体的流动速度、页岩气藏的产能。裂缝还决定着页岩气藏的保存条件，裂缝比较发育的地区，页岩气藏的保存条件可能相对较差，天然气易散失、难聚集，形成的页岩气藏品位较差，甚至不能形成页岩气藏。根据裂缝的成因，可划分为张性、剪性和压性；根据裂缝的充填情况，可划分为完全充填、部分充填和无充填；根据裂缝的角度，可分为高、中、低 3 种倾角类型。

巨型裂缝主要指宽度大于 1mm、长度大于 10m 的裂缝，包括垂直层理面和顺层理面两类，垂直层理面的裂缝能同时穿过碳质页岩、硅质页岩等薄层，前者主要为构造成因，后者主要为沉积成因。

大型裂缝主要指宽度为毫米级、长度介于 1～10m 之间的裂缝，该类裂缝局限于碳质页岩或硅质页岩单层内部，不能穿层，亦主要为构造成因。

中型裂缝主要指宽度为 0.1～1mm（100～1000μm），个别宽度可达毫米级，长度介于 0.1～1m 之间的裂缝，该类裂缝可能为构造成因或泥岩的生烃膨胀力导致。

小型裂缝主要是指宽度为 0.01～0.1mm、长度介于 0.01～0.1m 之间肉眼可见的最小裂缝。微型裂缝指宽度一般小于 0.01mm，长度小于 0.01m，一般为几十微米。有报道称，最小宽度可为 3～10m。泥页岩的可塑性较强，需要较高的过剩压力才能破裂，由于页岩中有机质的生烃作用，当页岩层中的异常孔隙流体压力达到上覆静岩压力的 1 倍时，即相当于静水压力的 1 倍时，页岩中就可以产生张性微裂隙。当流体排出、压力释放后微裂隙闭合，不易观察到微裂隙。微型裂隙一般比微孔隙要大，而且曲折度小，比较平直。该类裂缝只有在扫描电镜下可见，是页岩气藏以吸附态赋存的天然气解吸到游离态的主要通道。

物理测试可以直接得出孔隙的大小，而扫描电镜不但解决了物理测试无法直接观察孔隙的问题，同时也弥补了光学显微镜焦深小、分辨能力低的不足，可以直接观察孔隙的类型、大小和结构等。页岩孔隙按演化历史可以分为原生孔隙和次生孔隙，按大小可以分为微型孔隙、小型孔隙、中型孔隙和大型孔隙。孔隙的大小在扫描电镜下极易识别，且孔隙种类对页岩储层、含气特征和气体产出等具重要意义。采用按孔隙类型的划分方法，分为有机质沥青或干酪根网络、矿物质孔、晶间孔、溶蚀孔以及有机质和各种矿物之间的孔隙。

有机质沥青或干酪根网络，该类孔隙的孔径一般只有几微米，甚至纳米级，表现为吸收孔隙，是吸附态赋存的天然气主要储集空间。生油层中的有机质并非呈分散状，主要是沿微层理面分布，进一步证实生油岩中还存在三维的干酪根网络。微层理面可以理解为层内的沉积间断面，其本身有相对较好的渗透性，再加上相对富集的有机质可使其具有亲油性，若再有干酪根的相连，那么在大量生气阶段，易形成相互连通的、不受毛细管阻力的亲油孔隙，是页岩中天然气富集的重要孔隙类型之一。微孔直径一般小于 2nm，中孔直径为 2～50nm，大孔隙直径一般大于 50nm，随着孔隙度的增加，孔隙结构发生变化（微孔变成中孔，甚至大孔隙），孔隙内表面积也增大。另外，黑色页岩中残留的沥青也属于该类孔隙，气体主要以吸附态甚至溶解态赋存在沥青中。

矿物质孔主要包括晶间孔和溶蚀孔，晶间孔是指晶粒之间的微孔隙，主要发育于晶形比较好、晶体粗大的矿物集合体中，孔径一般几微米，个别可达十几微米，甚至毫米级。常见的晶间孔较发育的矿物有伊利石、高岭石、蒙皂石、方解石、石英等，晶孔的大小、形状、数量取决于矿物晶粒是原生还是次生，取决于矿物的形成时间。例如，伊利石在扫描电镜下呈弯曲的薄片状、不规则板条状，集合体呈蜂窝状、丝缕状等，可根据伊利石的结晶度判断早古生代海相页岩的成熟度，是页岩高演化条件下的产物，含量相对较高，伊利石的晶间孔隙和颗粒表面是页岩储层的主要孔隙类型之一。

有机质和矿物质之间的孔隙主要是指有机质和矿物之间的各种孔隙，该类孔隙只占页岩孔隙的一小部分，但意义重大。该类孔隙连通了有机质沥青或干酪根网络和矿物质孔，把两类孔隙连接起来，某种程度上有裂缝的作用，对页岩气的聚集和产出至关重要。

影响孔隙度大小的因素很多，包括沉积环境、沉积相、演化历史、成岩作用阶段、矿物组成和密度等。主要讨论矿物组成和密度对孔隙度大小的影响，矿物组成主要包括石英含量、黏土矿物含量、碳酸盐含量等，其中石英含量和孔隙度呈正相关关系，黏土矿物含量和孔隙度关系不大。由于泥页岩在原始沉积时，孔隙度非常大，在后期的埋藏压实、成岩等作用过程中，孔隙度不断减小，而石英为刚性矿物，抗压实能力比较强，因此，随着石英含量的增加，抗压实能力也增强，相应的孔隙度也就较大。碳酸盐矿物主要是页岩沉积后演化过程中形成的，主要以方解石的形式充填在原生孔隙或裂缝中，因此，方解石碳酸盐矿物的存在导致孔隙度降低。密度和孔隙度呈负相关关系，随着密度的增大，孔隙度相应减小。

页岩孔隙度为游离态的天然气提供赋存空间，是控制游离气含量的主要因素，还有裂缝等其他因素，页岩气藏也有一部分天然气以游离态赋存于裂缝中。

湿度在很大程度上影响着页岩气的含气量，如果页岩的孔隙被水占据，则孔隙储存天然气的能力将降低，极端地假设，如果孔隙全部被水充填，则游离气含量为零。根据美国业已开采页岩气藏的情况，这只是一种假设，实际上页岩气井产水很少，尤其是热成因的页岩气藏，因此，湿度对游离气含量的影响较小，主要影响吸附气含量。岩石润湿后，由于水比气吸着性能好，从而会占据部分活性表面，孔隙或喉道很可能被水分阻塞，导致甲烷接触不到大量的吸附区域。前述的页岩地球化学指标、矿物组成、物性指标等内部因素是页岩气聚集的内因，是事物变化发展的根本原因，是事物发展的源泉，决定着事物的性质和发展方向；而诸如深度、温度、压力等外部因素是页岩气聚集的外因，外因只有通过内因起作用。事物的变化发展，主要由事物的内部矛盾引起，深度、温度、压力等外部因素在一定范围内影响着事物的变化发展。页岩气聚集的内部因素和外部因素既相互依赖又相互斗争，由此使矛盾双方的力量和地位发生变化，共同影响着页岩气聚集，如在一定的深度条件下，内部因素起决定性作用，而不同的有机碳含量、不同的矿物组成导致含气量不同，在浅部地区，即使含气量低也可能具有工业价值。

一般情况下，随着压力的增大，无论何种方式赋存的气体，含量都是增大的，但压力增大到一定程度以后，吸附曲线趋于平缓，因为孔隙和孔隙表面是一定的，前者控制游离气含量，后者控制吸附气含量。压力对吸附作用有明显的影响，随着压力升高，吸附气含量增加。但由于实验本身误差或针对煤层气研究的吸附仪器及其计算方法是否适用于页岩，导致观测到的吸附气含量在压力增大到一定程度后下降，原因有待进一步研究。但是，随着压力的增大，气体分子运动速度较快，降低了页岩中各种吸附剂的吸附能力，有可能是导致实验数据下降的原因。压力较低时，吸附态气体含量高，如圣胡安盆地 Lewis 页岩气藏具有异常低压力梯度，为 4.97kPa/m，吸附气含量高达 88%；而福特沃斯盆地 Barnett 页岩气藏具有微超高压力梯度的特征，为 12.21kPa/m，其吸附气含量最高为 60%，最低仅为 40%[3-4]。

评价非常规天然气藏一个重要的参数就是含气丰度或每单位体积页岩的含气量。因此，评价页岩气聚集的主控因素即主要分析含气量的主控因素。为获得一个有经济价值的页岩气藏，含气量是一个重要的决定因素，必须有足够的原地含气量，这就要求对页岩的各项指标都必须有一个很高的要求且达到良好的匹配。页岩的内部因素页岩地球化学指标、矿物组成、物性指标等和外部因素深度、温度、压力等是影响页岩含气量的因素。页岩的总含气量包括吸附气含量和游离气含量两部分，影响吸附气含量的主要因素有有机碳含量、石英含量、总烃量、形态有机质含量、黄铁矿含量、湿度、密度、压力和温度等，而影响游离气含量的主要因素为压力、温度、湿度、碳酸盐含量、孔隙度和密度等。由此可见，影响页岩含气量的因素比较多，预测比较困难，在分析各单因素和吸附气含量、游离气含量的基础上，认为含气量和各单因素主要呈线性关系。

三、页岩储层地球化学指标

页岩地球化学指标属于控制页岩气聚集的内部因素，主要包括有机质类型及含量、成熟度、岩石热解参数、干酪根类型和微观组分等，这些因素主要控制吸附气的含量。

有机碳含量是页岩气聚集最重要的控制因素之一，不仅控制着页岩的物理化学性质，包括颜色、密度、抗风化能力、放射性、硫含量，并在一定程度上控制着页岩的弹性和裂缝的发育程度，更重要的是控制着页岩的含气量。研究区黑色页岩的有机质颗粒有多种形态，如不规则细粒状、长条状和尘点状，有时可见极小的黄铁矿颗粒散布[5]。

镜质组反射率是国际上公认的标定有机质成熟度阶段的一项独立指标，但不适用于下古生界烃源岩。下古生界缺乏来源于高等植物的标准镜质组，即下寒武统和上奥陶统—下志留统页岩中不存在真正意义上的镜质组，因此无法直接获得镜质组反射率。国内外学者提出了诸如沥青反射率、镜状体反射率、牙形刺相对荧光强度等成熟度的判识指标等，并将这些反射率通过相差计算转换成镜质组反射率，即"等效镜质组反射率"，其中沥青反射率已成为表征那些缺乏镜质组而含有沥青的海相页岩有机质成熟度的一个重要指标[6]。

成熟度决定了天然气的生成方式，影响着页岩气井的生产速度，因为成熟度控制着气体的流动速度，由于气体的成因和赋存方式不同，高成熟度页岩气藏比低成熟度页岩气藏的气体流动速度大。随着页岩成熟度的增加，页岩中干酪根和已生成的原油均裂解为天然气，有大量天然气生成，有利于天然气的生产。成熟度不仅决定天然气的生成方式，还决定气体组分，页岩气藏生产的天

四川盆地页岩气储层改造工作液技术与实践

然气除甲烷之外，还有二氧化碳、氮气、乙烷甚至丙烷，二氧化碳在生物成因的页岩气藏中更为常见。天然气组分对页岩气藏整体的经济价值有一定的影响作用，并能对天然气是生物成因或热成因提供证据。

气体生产速度有没有商业价值，还取决于深度等其他因素，因为这时仍处在生油窗，生成的天然气溶解在石油中，很少以气体的方式产出。根据页岩中残留的油气相对数量可以判断页岩的成熟度。成熟度最高的页岩只有干气，次成熟的页岩可能含有湿气，成熟度再低的页岩只有石油生物化学成因的页岩气除外。另外，气体成分的不同，尤其是甲烷、乙烷、丙烷各自的相对含量不同，通常用来识别热成因气中的微生物作用生成的天然气，因为微生物不能产生比甲烷含量还大的其他烃等。准确判断页岩成熟度是精确预测商业价值页岩气藏的关键，也是气藏开发的基础。美国页岩气勘探实践表明，矿物组成决定着页岩气藏的品质，影响着气体含量，能对成熟度进行分析，同时也能为钻井、完井和压裂提供分析资料。将四川盆地长宁—威远地区页岩与美国主要含气页岩储层特征做比较，结果见表2-1。

表2-1　四川盆地与美国主要含气页岩储层特征对比

页岩盆地	Fayetteville	Woodford	Barnett	W龙马溪组	N龙马溪组
深度，m	304~2133	1828~3352	1981~2590	1500~4000	1500~4000
有效厚度，m	6~60	36~67	30~182	30~57	34~49
有机碳含量，%	4~9.8	1~14	4.5	3.2	2.7~3.2
热成熟度，%	1.2~4.2	0.37~4.89	1.0~1.3	2.4~2.6	2.8~3.2
石英，%	—	60~80	35~50	41~45	49~55
天然气含气量 m³/t（岩石）	1.7~6.2	5.7~8.5	8.49~9.9	2.6~3.5	4~5

由表2-1可知，四川盆地页岩储层各项参数与国外盆地各项参数差异较大，尤其是与开发成熟的Barnett页岩，四川页岩有机碳含量和天然气含气量均低于Barnett页岩。

第二节　储层改造难点及关键技术点

属于非常规油气资源的页岩气藏具有一系列特殊的储层特征，导致开发过程中气体渗流机理、压裂增产原理和相应的改造技术明显不同于常规气藏。页岩气藏压裂改造涉及众多储层特征因素，最关键的因素包括：（1）黏土含量较高，硅酸盐、碳酸盐含量高的储层岩石脆性较强，使得天然裂缝更易启裂和延伸，易于形成复杂缝网；（2）孔隙度低，渗透性极低，需要通过有效压裂改造形成复杂缝网，提高页岩气的可流动性；（3）有机质含量越高，吸附气含量越大，增产有效期越长，且有机质中存在孔隙网络，在气体扩散作用下具有良好的渗流能力；（4）高杨氏模量、中低泊松比的页岩脆性较强，利于实现页岩储层的大规模复杂缝网改造，塑性较强的页岩则需要首先确保长、窄、导流能力好的支撑主裂缝；（5）大量天然裂缝是压裂过程中的薄弱位置，既是形成裂缝网络的关键因素之一，也是气体流动的重要通道；（6）储层物性参数在空间分布的差异对裂缝的启裂、延伸、材料优选、施工设计、压裂效果等方面有重要影响。

一、页岩气储层改造难点

与常规气藏压裂最显著的差异就是页岩气藏多使用滑溜水作为施工液体。由于液体中不含有残渣或不溶物，不易对储层造成伤害。在页岩气水平井多级压裂时，单级使用的滑溜水最大用量达到 $18.9 \times 10^4 \mathrm{m}^3$，因此滑溜水的低成本能实现页岩气的经济开发。在天然裂缝发育的页岩储层中，滑溜水滤失量增大，易造成砂堵，加砂浓度和总体规模受到限制。滑溜水的黏度较低，支撑剂颗粒沉降较快，难以输送至裂缝深部或分支裂缝网络处，且容易在裂缝底部沉积，形成沙堤。最终使得支撑剂浓度分布不均匀，裂缝上部重新闭合，分支裂缝也难以形成有效的支撑，降低缝网改造程度，增加了施工不确定性。由于滑溜水携砂能力的局限，如通过降低支撑剂颗粒大小和密度的方式控制支撑剂沉降速度，又会使得支撑剂承压能力下降或裂缝壁面塑性较强时易于嵌入，降低裂缝导流能力。另外，储层泥质含量大，渗透率极低。除了常用的降阻剂外，滑溜水压裂还需要针对页岩气藏具体情况，研制和筛选合理的添加剂。如气水同产时，毛细管力作用较强，发生水锁现象，降低气相渗透率。常规表面活性剂虽能促进液体返排，但吸附性较强，有效作用距离短。页岩气藏压裂改造所需液量大，黏土稳定剂如果按照常规的比例配制，加入量非常大，又难以满足低成本、高效益的开发需要。

水平井分段压裂是目前经过现场验证的页岩气藏最为有效和成功的压裂技术，通过多级主裂缝及其延伸出的缝网，尽可能实现与极低渗透率的储层充分接触，增大改造体积。但所面临的问题也较为突出：（1）水平段较长，在其最远端部启裂压力较高；（2）需要可靠的封隔器或桥塞实现不同改造位置的有效封隔；（3）近井区域裂缝扭曲和形态复杂，使得泵注压力大，继续延伸困难，并且限制砂浓度提高，压裂后导流能力有限。

由于压裂液和支撑剂的特殊性能、裂缝网络复杂性以及改造规模的影响，需要不断优化泵注程序以满足现场需要。

二、页岩气藏压裂改造关键技术点

1. 加深对页岩气地质特征及渗流机理认识

页岩气以自生自储作为其成藏的典型特点，气态烷烃主要以游离的方式在孔隙中存在，以吸附的方式在有机质中存在和以溶解方式存在。其中，吸附状态天然气含量介于20%～85%之间，因此在低孔隙度、超低渗透的页岩储层，形成复杂缝网，尽可能地沟通富含有机质的区域，是保证经济开采的重要前提。构成压裂后页岩储层的渗流介质主要有非有机质基质孔隙、有机质孔隙、天然裂缝和水力压裂缝。微观上的渗流机理则包括自由气流动、页岩气解吸、页岩气扩散和压裂液渗吸。自由气流动指两方面：其一，有机质孔隙网络和非有机质孔隙中的非达西流动；其二，天然裂缝和水力裂缝中的达西流动。靠近微孔隙和微裂缝的吸附气可以迅速解吸释放，而远离孔缝的页岩基质内页岩气则只能靠扩散作用经过有机质表面被释放。并且天然裂缝的应力敏感也是影响气体渗流的主要因素。基质较小的孔隙直径（仅为10～1000倍的分子自由行程），滑脱效应较为严重。因此，应从宏观和微观两方面加强页岩气渗流机理研究。

2. 加强页岩气藏压裂基础理论研究

发育的天然裂缝和较小的水平主应力差，是形成缝网的重要前提。由于国外技术保密，关于剪切作用所产生的复杂分支缝并没有详细地描述和分析。目前，最为普遍的方法是依据微地震测试数据点的分布和密度，并以地质数据及个人经验，结合地质建模软件划分复杂裂缝网络，形成离散裂缝网络模型。该方法虽与实际情况更为接近，但裂缝形态复杂，处理难度大，并需要压裂软件具有较强的图形处理功能。而在计算页岩气藏压裂产能时，则是将复杂裂缝网络简化为长轴和短轴方向成一定比例的正交离散裂缝网络模型。

同步压裂和重复压裂都在于利用水平应力差值、人工暂堵措施以及裂缝延伸所造成的应力变化，对同时或后继延伸的裂缝造成影响。由于流体方向改变，产生足够压差，缝内形成较高的净压力，一定程度上改变其延伸方向使其朝未形成裂缝网络的区域发展，扩大压裂增产体积。可借助于常规气藏的研究方法，但针对泥质含量高、脆塑性变化较大的页岩储层需要通过实验改进相关参数。

3. 压裂施工材料研制及改进

为适应不同储层条件和改造目标，对压裂液添加剂的研发、改进、筛选非常必要。一般聚丙烯酰胺类的降阻剂用量为 $0.025\% \sim 0.1\%$，在进入地层后需使其迅速降解。优选合适的杀菌剂能控制大规模、长时间施工时液体和地层有机质中细菌生长，还能降解液体中的聚合物，调整液体的密度和黏度。为控制黏土矿物膨胀、脱落和运移，防止对本已很低的孔隙空间造成堵塞，黏土稳定剂必不可少。表面活性剂有助于液体返排和提高气体相对渗透率，需要满足用量小、被吸附能力弱的性能要求。滑溜水中加入防垢剂能预防由于注入较多低温液体，地层温度下降导致垢的形成。

国外较为重视对返排液的分析和处理，通过测量返排的体积，既能预测和分析页岩储层压裂效果，又能为邻井或同层位施工优选添加剂提供参考和依据。为实现大量返排液体重复利用，首先采用过氧化氢和漂白水这类强氧化剂，除去细菌和聚合物，再通过沉淀和过滤的方式，除去悬浮颗粒和垢，最后再加入阻垢剂保证处理后的液体与地层的配伍性，形成施工处理的基液。由于液体的反复使用，越来越高的矿化度对各类添加剂效果的影响需要进一步评价。

由于压裂液黏度低、裂缝网络复杂等因素，为提高支撑剂输送和铺置效果，低密度、小粒径、中高强度的支撑剂在现场使用较多。大量使用 $50 \sim 100$ 目陶粒，其价格与石英砂相比更为昂贵，而石英砂在高闭合应力下容易破碎。因此，树脂包层石英砂既能避免颗粒破碎损害压裂后导流能力，又能降低施工成本。在颗粒表面形成微小气泡的浮力支撑剂和在储层就地形成的支撑剂目前在室内研究中取得了成功。

4. 工艺技术进步和设计优化

水平井段水泥固井后，其端部启裂和延伸压力较大。现场对应解决措施包括：利用测井数据，预测地应力，优选射孔方位；采用 $180°$ 相位角，与目标裂缝面对应；采用酸溶性固井水泥能降低破裂压力 15% 以上；前置液中加入100目的降滤剂，控制近井复杂裂缝滤失。

Barnett 页岩中水平井段长度介于 $450 \sim 1500m$ 之间，通过可钻式复合桥塞，一般分为 $5 \sim 7$ 段进行压裂。单段使用的液量为 $1892 \sim 7570m^3$，使用的砂量在 113t 左右，排量为 7.9～12.7m³/min。常规的泵注程序将砂浓度限制在 6～60kg/m³，前期支撑剂粒径为 100 目，中期以 40～70 目为主，最后尾追注入 20～40 目的支撑剂，其砂浓度也相应提高到 120～240kg/m³。通过泵注程序优化，依靠较高排量所产生的紊流和压裂中形成的沙堤，克服低黏液体携砂的困难。并且大液量、高排量在保证较厚的页岩储层不被压穿的同时，能形成更为复杂的裂缝网络。但在分支裂缝中由沙堤推移形成的支撑剂分布浓度较低，是滑溜水压裂中存在的缺陷，但也能通过改进压裂材料的性能提高携砂和铺置效果。

当储层天然裂缝不十分发育，且硅质矿物含量较少、泥质含量较高时，采用滑溜水压裂难以形成缝网，支撑剂颗粒易于嵌入裂缝壁面。改造策略应考虑形成导流能力较高的主裂缝，因此，针对特殊的地质条件采用泡沫压裂、冻胶压裂、复合压裂在现场的应用取得成功。

微地震监测技术是通过间接手段认识和评价缝网最为常用的手段，延伸过程中裂缝剪切破坏启裂和错动产生的低频能量波，在观测井中收集，再经过微地震资料正、反演处理，实现对裂缝方位、密度和大致形态的描述和评价，能对施工效果进行准确评估，并为后期作业提供重要参考[7]。

参 考 文 献

[1] 琚宜文，卜红玲，王国昌．页岩气储层主要特征及其对储层改造的影响［J］．地球科学进展，2014，29（4）：492-506.

[2] 余川，包书景，秦启荣，等．川东南地区下志留统页岩气成藏条件分析［J］．石油天然气学报，2012，34（2）：41-45.

[3] 郭彤楼．中国式页岩气关键地质问题与成藏富集主控因素［J］．石油勘探与开发，2016，43（3）：317-326.

[4] 聂海宽，张金川．页岩气藏分布地质规律与特征［J］．中南大学学报（自然科学版），2010，41（2）：700-708.

[5] 聂海宽，张金川．页岩气聚集条件及含气量计算——以四川盆地及其周缘下古生界为例［J］．地质学报，2012，86（2）：349-361.

[6] 涂建琪，金奎励．表征海相烃源岩有机质成熟度的若干重要指标的对比与研究［J］．地球科学进展，1999，14（1）：18-23.

[7] 赵金洲，王松，李勇明．页岩气藏压裂改造难点与技术关键［J］．天然气工业，2012，32（4）：46-49.

第三章　页岩气储层改造工作液技术

在页岩气开发中，压裂液对储层改造效果起着至关重要的作用。近年来，随着页岩气勘探开发技术的不断成熟，滑溜水体积压裂技术在页岩气、致密砂岩气等非常规气藏开发中的应用日益广泛，取得了显著的储层改造增产效果。同时，页岩气水平井技术是目前国际上最常用的页岩气开采核心技术，与滑溜水体积压裂技术成为支撑国内页岩气开发的"双剑"。

基于国内外页岩气开发技术研究及应用进展，本章系统分析了页岩气储层改造工作液技术要求，针对性地概括了页岩气储层改造效果评价方法，凝练介绍了储层改造工作液关键处理剂，最后调研分析了最新的页岩气储层改造工作液技术。

第一节　储层改造对工作液的总体要求

水力压裂是利用地面高压泵组，通过井筒向地层大排量注入一定黏度的液体，在井底憋起高压，当该压力超过地层承受能力时，便会在井底附近的地层形成裂缝，从而提高地层渗透率，以利于油气流向井底。

20世纪70年代，美国大型水力压裂技术开始应用于致密砂岩油气藏开发，到80—90年代，大型水力压裂技术趋于成熟，相继应用于美国Cotton、Carthage等致密砂岩气田的开发。伴随着大型水力压裂技术的应用，对大型水力压裂技术的研究也越来越深入，重点研究裂缝三维延伸模型，明确裂缝在三维方向上的延伸规律。1985年，研究人员明确提出了压裂改造经济优化的概念，即通过压裂模拟、油气藏模拟、经济效益评价等手段优化最佳裂缝长度和导流能力。国内大型水力压裂起步较晚，从新疆油田于1999年对盆参2井进行大型水力压裂改造开始，大型水力压裂陆续在全国各个油田压裂改造中应用[1]。

2010 年后，随着国内非常规致密油气藏的开发，特别是页岩气开发的大规模进行，水平井分段压裂技术逐渐成为开发非常规油气藏的主要技术手段，体积压裂和工厂化作业逐渐成为开发致密油气藏的主要技术手段。其中，页岩储层的压裂工艺更多的是强调获得大的储层改造体积。但是常规压裂液黏度较大，流动性差，不能深入地层远端，难以形成复杂的裂缝网络沟通地层。针对这一问题，目前大型压裂多采用滑溜水压裂液，在清水中加入少量降阻剂和表面活性剂，使其具有较低的黏度，且具有优良的降阻性能；其关键在于压裂液的配制，通过压裂可提高页岩气层渗透率、增加导流能力、优化生产条件、减少地层伤害、满足经济开发的目的。

页岩气储层基质岩块渗透率较低，裂缝是气体渗流的主要通道，足够长的水力裂缝可形成较大的泄油面积，有效延长气井的稳产年限，显著提高单井产能和气藏采收率。近年来国内各大油田广泛应用大型压裂，增产效果显著。通常，大型压裂的加砂规模大于 $100m^3$，半缝长大于 $300m$。

在页岩气的开发中，主要采用大液量、大排量的作业方式，低摩阻是滑溜水最主要的性能指标，因此所有公司在滑溜水配方中都添加了降阻剂，用以提高滑溜水的降阻性能；同时，考虑到加入助排剂（表面活性剂）可提高压裂液的返排率，因此部分公司在滑溜水配方中添加了助排剂，通过降低表界面张力、增大与岩石的接触角来降低压裂液返排时的毛细管阻力；杀菌剂可有效抑制地面流体中的硫酸盐还原菌、铁细菌被带入地层，在地层环境下产生硫化氢腐蚀及沉淀堵塞储层；对部分水敏性较强的页岩储层，可加入黏土稳定剂减小储层黏土膨胀和运移；部分公司还加入阻垢剂，防止配液用水中的成垢离子在地层条件下结垢，堵塞微细裂缝（实际应用很少）；此外，考虑到降阻剂作为一种高分子物质，即使加量极少，但对地层也存在一定的伤害，因此少数公司添加了破胶剂来降解滑溜水中的高分子物质，进一步降低滑溜水对地层的伤害。

综上所述，从现场施工及配制要求出发，对页岩气压裂用滑溜水的性能要求包括：（1）高的降阻效率；（2）较高耐盐性；（3）快速水化溶解以满足现场施工要求；（4）适宜的分子量以降低储层伤害；（5）低成本；（6）无毒无害，满足相应油气田作业、排放满足环保标准。此外，当部分井直接利用返排液进行配液时，需降阻剂具有较好耐温性，以保证滑溜水在高温下仍具有较好的性能。

第二节 工作液评价方法

除常规滑溜水外，近年来，国内外相继开发了一些新型的滑溜水，主要是从降低滑溜水对储层的伤害以及采用压裂返排液配制滑溜水时的耐盐性等方面考虑。滑溜水中的有效成分包括聚合物、表面活性剂等，需要使用有效的分析测试手段对滑溜水中的成分以及滑溜水自身的性能进行评价，主要测试方法如下。

一、滑溜水评价方法

根据现场的施工经验，结合室内评价方法，滑溜水的性能通常需要考虑以下几个方面：一是降阻性能；二是与现场配液的配伍性能；三是与岩心的防膨性能；四是返排性能等。此外，还需考虑其结垢趋势、细菌含量以及 pH 值、黏度、破乳性（含油页岩）等。通常情况下，各种滑溜水配方的性能均满足表3–1 的要求。

表 3–1 常规滑溜水性能要求

序号	项目	指标
1	pH 值	6～9
2	运动黏度，mm^2/s	≤5
3	表面张力[①]，mN/m	<28
4	界面张力[②]，mN/m	<2
5	结垢趋势	无
6	硫酸盐还原菌（SRB），个 /mL	<25
7	铁细菌（FB），个 /mL	<10^4
8	腐生菌（TGB），个 /mL	<10^4
9	破乳率[②]，%	≥95
10	配伍性	无沉淀、无絮凝
11	降阻率，%	≥70
12	排出率[①]，%	≥35
13	CST 比值	<1.5

① 助排性能可任选表面张力或排出率之一评价。
② 不含油的页岩气藏不评价。

在页岩储层的加砂压裂施工中，由于储层物性的差异，不同公司在理念上的差异，各大公司在不同地区应用的滑溜水配方组成也不尽相同。表 3-2 为在 CN-WY 区块应用的几种常规滑溜水配方。

表 3-2　滑溜水常用配方

编号	配方
1	0.022% 降阻剂 +0.22% 助排剂 +0.22% 黏土稳定剂 +0.005% 杀菌剂 + 破胶剂（按实际需要添加）
2	0.075% 降阻剂 +0.075% 破胶剂 +0.0007% 杀菌剂 +0.05% 助排剂
3	0.05% 降阻剂 +0.05% 杀菌剂
4	0.07%～0.1% 降阻剂 +0～0.2% 助排剂 +0.005% 杀菌剂
5	0.1% 降阻剂

滑溜水性能测试包括 pH 值、表（界）面张力、黏度、细菌含量、破乳性能、微量元素含量、摩尔质量、缔合状态、降阻率等方面。

1. pH 值测定方法

使用 pH 试纸或 pH 计测定配制的滑溜水 pH 值。

2. 表（界）面张力测定方法

按 SY/T 5370—2018《表面及界面张力测定方法》测定滑溜水的表（界）面张力。将圆环或平板置于高密度相中并对其施加拉力，当圆环或垂直于液面的平板脱离高密度相时，对其施加的拉力等于其受到的表（界）面张力，测其受到的拉力即可通过公式计算出表（界）面张力。表（界）面张力可由式（3-1）计算得到：

$$\gamma = \frac{F}{L} \tag{3-1}$$

式中　γ——表（界）面张力，mN/m；

　　　L——周长，m。

悬滴法是根据液滴外形求算表（界）面张力的一种方法。当液滴静止悬挂在毛细管的管口处时，液滴的外形主要取决于重力和表面张力的平衡。通过对液滴外形的测定，即可推算出液体的表（界）面张力；若将液滴悬挂在另一不相溶的液体中，也可推算出两种液体的界面张力。基于 Laplace 方程建立的 Bashforth–Adams 方程，经过简化后，表（界）面张力可由式（3-2）计算得到：

$$\gamma = \frac{gD_e{}^2 \Delta\rho}{H} \qquad (3-2)$$

式中　γ——表（界）面张力，mN/m；

　　　g——重力加速度，9.8m/s^2；

　　　D_e——液滴最宽处的直径，m；

　　　$\Delta\rho$——两相密度差，kg/m^3；

　　　H——与仪器测量系统有关的常数，不同仪器型号赋值不同，由仪器操作软件自动给出或参见各仪器的说明书。

　　旋转滴法是在离心力、重力及界面张力作用下，低密度相液体在高密度相液体中形成一椭球形或圆柱形液滴，其形状由转速和界面张力决定。测定液滴的长度（l）、直径（D）、两相液体密度差（$\Delta\rho$以及转速ω，界面张力γ可由式（3-3）计算得到：

$$\gamma = A\omega^2 D^3 \Delta\rho f\,(l/D) \qquad (3-3)$$

式中　A——与仪器测量系统有关的常数，不同仪器型号赋值不同；

　　　f——与油滴长宽比有关的修正系数，由仪器操作软件自动给出或参见各仪器的说明书。

　　3. 黏度测量方法

　　按 GB/T 10247—2008《黏度测量方法》测定滑溜水的运动黏度。选择适当内径的黏度计，使得流动时间在 200s 以上。平氏黏度计、乌氏黏度计和芬氏黏度计最细内径的流动时间分别不得小于 350s、300s 和 250s。

　　4. 细菌含量测定方法

　　按 SY/T 0532—2012《油田注入水细菌分析方法　绝迹稀释法》测定滑溜水的细菌含量。根据测试需要，对水样中硫酸盐还原菌、腐生菌、铁细菌可做单组实验或多组实验，多组实验中每组用 3 个以上装有相应菌类培养基的测试瓶依次编好序号。用 75% 的酒精棉球将启封后的测试瓶顶盖及操作者的手进行消毒。用无菌注射器吸取 1mL 水样注入一号瓶中，摇匀。另取一支无菌注射器，从一号瓶中吸取 1mL 水样注入二号瓶中，摇匀。按上述操作依次接种稀释到最后一个号瓶为止。放入 35℃恒温培养箱中培养。硫酸盐还原菌培养 14d 后观察，测试瓶中液体由无色透明变为黑色，即表示有硫酸盐还原菌生长。腐生菌培养 7d 后观察，测试瓶中液体由红色变为黄色或浑浊，即表示有腐生菌生长。铁细菌培养 7d 后观察，测试瓶中液体浑浊或产生红棕色沉淀，即表示有铁细菌生长。

5. 破乳性能测定方法

按 SY/T 5107—2016《水基压裂液性能评价方法》测定滑溜水的破乳性能。取滑溜水 50mL 于广口瓶中，静置 24h 后观察是否发生絮凝现象和有沉淀产生。取配制的滑溜水 100mL 盛于 316 钢耐压容器中，置于烘箱，并在储层温度下静置 4h，冷却后倒入烧杯中观察是否发生絮凝现象和有沉淀产生，以判断配伍性。

6. 微量元素含量测定方法

X 射线荧光分析是确定物质中微量元素种类和含量的一种方法，又称 X 射线次级发射光谱分析，是利用原级 X 射线光子或其他微观粒子激发待测物质中的原子，使之产生次级的特征 X 射线（X 射线荧光）而进行物质成分分析和化学态研究。一般只能分析含量大于 0.01% 的元素。

电感耦合等离子发射光谱仪（ICP-OES）可以测量从热激发分析离子的特定元素特性波长发射的光，这种发射光可以在分光计中分离和测量强度，通过和校正标准品进行比对，转换为元素浓度。可同时测定多种元素，检测限可以达到非常低的程度，同时具有高准确度和高精确度。

氧弹燃烧法将样品放在富氧的密闭环境中进行燃烧，燃烧完全后样品中的卤素、硫元素等全部收集至碱性吸收溶液中，转化为无机态的卤素离子、硫酸根等，配合离子色谱仪，使用外标法对其中的元素进行含量测定。

气相色谱（GC）与质谱检测器（MS）联用非常适合用来分析微升级的混合样品，可控程序升温的气相色谱具有对混合样品的高效分离能力，而质谱检测器是将样品分子（或原子）在离子源中离化成具有不同质量的带电分子离子和碎片离子进行检测，具有广泛的使用范围，同时也具有相当高的灵敏度、良好的未知化合物定性能力。

裂解气相色谱质谱联用（Py-GCMS）分析可以避免复杂的前处理，并可直接对结构复杂、分子量大、极性强、沸点高的化合物进行分析，较适合对高聚物以及其中的添加剂进行快速、准确的鉴定，热裂解气相色谱/质谱的原理非常简单，首先将样品在严格控制的环境下加热，目标化合物在加热的过程中逐渐热解吸或热裂解，成为可挥发性的小分子化合物，这些小分子通过联用的气相色谱分离后，再由质谱装置进行分析鉴定。最后，根据裂解化合物的定性、定量数据反推样品的结构和组成。

7. 摩尔质量测定方法

测定高聚物摩尔质量的方法有很多，而不同方法所得平均摩尔质量也有所不同。比较起来，黏度法设备简单、操作方便，并有很好的实验精度，是常用的方法。

8. 缔合状态确定方法

为了直观地证明聚合物在水中形成了缔合状态，取一滴聚合物水溶液，滴在贴有导电胶布的模具上，冷冻干燥后取出进行镀金，使用环境扫描电镜进行观察。通过冷冻透射电镜对滑溜水进行观察，取一滴滑溜水（约 5μL）滴在铜网上，用滤纸吸去边缘多余的液体，形成薄膜后浸入液氮冷却的液体乙烷中，使薄膜迅速冷却结冰，再进行透射电镜观察。

9. 降阻率测定方法

测量滑溜水的摩阻，并以清水做空白实验，计算出降阻率。参照标准 NB/T 14003.1—2015《页岩气压裂液 第 1 部分：滑溜水性能指标及评价方法》，配制一定浓度的聚合物溶液作为滑溜水，选择管道内径为 8mm 的管路进行测试，线速度设置为 5～10m/s，其中管道长度为 4.3m。取一定量的聚合物加入测试系统的水中，计算准确的降阻剂浓度，以清水组作为空白实验组，计算出在相同线速度下，不同降阻剂加量下的降阻率。

摩阻计算公式：

$$F = \frac{p_1 - p_2}{4.3} \tag{3-4}$$

式中 F——流体在管道中流动的摩阻，kPa/m；

p_1——流体在管道入口端的压力，kPa；

p_2——流体在管道出口端的压力，kPa。

降阻率计算公式：

$$DR = \frac{F_1 - F_2}{F_1} \times 100\% \tag{3-5}$$

式中 DR——降阻率，%；

F_1——清水在某一线速度下的摩阻，kPa/m；

F_2——滑溜水在与清水相同的线速度下的摩阻，kPa/m。

滑溜水现场检测是确保施工压裂液质量的关键。目前，由于受现场条件的限制，滑溜水在现场主要检测其 pH 值、运动黏度和配伍性指标。部分有条件的井场可现场检测表面张力、CST 比值等参数。在施工前、施工过程中均要对滑溜水的这些性能参数进行检测，为滑溜水添加剂用量的实时调整以及施工情况的判断提供参考依据。在页岩气开发初期，主要是滑溜水提供方自行进行现场检测。随着页岩气勘探开发的发展，现已引入第三方监督机制，由第三方负责滑溜水的现场检测工作，更好地督促滑溜水提供方，确保入井液体质量。

二、胶液评价方法

线性胶、冻胶压裂液是以水为溶剂或分散介质，向其中加入稠化剂及其他添加剂配制而成的高黏度压裂液，未交联的为线性胶压裂液，交联的为冻胶压裂液。线性胶、冻胶压裂液具有黏度高、悬砂能力强、滤失低等优点，但造缝的复杂程度较滑溜水低，且摩阻较滑溜水高。

目前，国内外使用的线性胶、冻胶压裂液主要分为天然植物胶类压裂液[如瓜尔胶及其衍生物（羟丙基瓜尔胶、羟丙基羧甲基瓜尔胶、延迟水化羟丙基瓜尔胶等）]和合成聚合物类压裂液（如聚丙烯酰胺、部分水解聚丙烯酰胺、亚甲基聚丙烯酰胺及其共聚物）。这几类高分子聚合物在水中溶胀成溶胶，本身具有较高的黏度，交联后更能形成黏度极高的黏弹性冻胶。

天然植物胶类压裂液以天然植物胶为稠化剂，属于多糖天然高分子化合物，即半乳甘露聚糖。不同植物胶的高分子链中半乳糖支链与甘露糖主链的比例不同。这类压裂液在我国页岩气开发初期用作线性胶、冻胶压裂液较多，但由于压裂返排液的大规模回用以及压裂液现场存放过程中细菌导致的降解等问题，目前已较少使用。

合成聚合物类压裂液以聚丙烯酰胺（PAM）、部分水解聚丙烯酰胺（HPAM）、丙烯酰胺—丙烯酸共聚物、亚甲基聚丙烯酰胺或丙烯酰胺—亚甲基二丙烯酰胺共聚物等为稠化剂，属于人工高分子聚合物。与天然植物胶不同，它们不是天然生长的，而是由人工合成的，可通过控制合成条件调整聚合物分子结构和分子量大小与分布等，从而调整压裂液的性能。

通常线性胶、冻胶压裂液中均包含稠化剂、交联剂（不包括线性胶）、助排剂（表面活性剂）、杀菌剂、黏土稳定剂、破胶剂等，其配方通常为 0.2%～0.4% 稠化剂 +0.2%～0.4% 交联剂（冻胶压裂液）+0～0.2% 助排剂 +0～0.005% 杀菌剂 +0～0.05% 破胶剂 +0～0.5% 黏土稳定剂等。不同体系，其配方的添加剂种类和添加剂用量有所不同，需根据实际井况进行调整。

根据现场的施工经验，结合室内评价方法，线性胶、冻胶压裂液的性能通常需要考虑基液黏度（即线性胶黏度）、交联时间、耐温耐剪切能力、黏弹性、渗透率伤害率、滤失性、降阻性、破胶性能等。此外，还需考虑其与地层水的配伍性、破乳性（含油页岩）以及残渣含量等。通常情况下，线性胶、冻胶压裂液的性能均满足表3-3中所列的要求。

表3-3　线性胶、冻胶压裂液性能要求

评价参数		指标
基液表观黏度，mPa·s		10～40（20℃≤T<60℃）
		20～80（60℃≤T<120℃）
		30～100（120℃≤T<180℃）
交联时间，min		15～60（20℃≤T<60℃）
		30～120（60℃≤T<120℃）
		60～300（120℃≤T<180℃）
耐温耐剪切能力	表观黏度，mPa·s	≥50
黏弹性	储能模量，Pa	≥1.5
	耗能模量，Pa	≥0.3
岩心基质渗透率伤害率，%		≤30
动态滤失性	滤失系数，m/min$^{1/2}$	≤9.0×10^{-3}
	初滤失量，m^3/m^2	≤5.0×10^{-2}
	滤失速率，m/min	≤1.5×10^{-3}
动态滤失渗透率伤害率，%		≤60
破胶性能	破胶时间，min	≤720
	破胶液表观黏度，mPa·s	≤5.0
	破胶液表面张力，mN/m	≤28.0
	破胶液与煤油界面张力，mN/m	≤2.0
残渣含量，mg/L		≤600
破乳率，%		≥95
压裂液滤液与地层水配伍性		无沉淀、无絮凝
降阻率，%		≥50

注：T表示温度。

由于页岩气采用大排量、大规模加砂压裂模式，且线性胶、冻胶压裂液通常是在滑溜水压裂后或压裂过程中部分使用，前期的滑溜水已经起到了降温作用，因此对基液的黏度通常只考虑常温下的黏度，对耐温耐剪切能力通常也仅仅考虑短时间的耐温耐剪切能力，且地层温度超过 95℃ 后仍按照 95℃ 进行评价，而降阻率通常要求达到 65% 以上，满足低摩阻、大排量泵注要求。

线性胶、冻胶压裂液的现场配制方式也分为连续混配和预先配制两大类。线性胶、冻胶压裂液的连续混配工艺与采用固体降阻剂的滑溜水连续混配工艺类似。在压裂施工时，采用连续混配车将稠化剂配制成溶液，然后泵入计量的其他添加剂形成基液，并根据需要与交联剂、破胶剂溶液一起泵入地层。由于稠化剂的浓度要比滑溜水中降阻剂的使用浓度大得多，现有技术在长时间配制过程中易出现连续混配车堵塞，且一台连续混配车难以满足现场大排量施工的需求，因此实际应用并不多。

页岩气储层改造过程中，线性胶、冻胶压裂液的用量并不多。通常采用预先配制的工艺，在压裂施工前，按照线性胶、冻胶压裂液配方提前用液罐将压裂所需的基液配制好。通常稠化剂采用连续混配车配制，其他液体添加剂直接泵注入液罐中与稠化剂溶液混合均匀，或在施工时采用比例泵直接泵注入混砂车中。压裂施工时，将压裂液基液、交联剂、助排剂、破胶剂溶液从液罐经混砂车、压裂车泵入地层。

线性胶、冻胶压裂液现场检测是确保施工压裂液质量的关键。由于仍受现场条件的限制，线性胶、冻胶压裂液在现场主要检测其 pH 值、表观黏度、交联性能、破胶时间和配伍性指标。部分有条件的井场可现场检测表面张力等参数。在施工前、施工过程中均要对线性胶、冻胶压裂胶的这些性能参数进行检测，为其用量的实时调整以及施工情况的判断提供参考依据。

三、酸液评价方法

压裂改造是提高低渗透油气藏采收率的重要手段，而地层破裂是储层压裂改造的关键。在低渗透储层的改造过程中，由于储层段埋藏深、构造应力异常、泥质含量高、钻完井过程中地层伤害严重等，某些井层破裂压力异常高导致地层压不开、液体注不进，使得后续增产工作无法进一步开展，导致施工失败。目前，喷砂射孔、高能气体压裂、优化射孔、加重压裂液和酸处理技术是降低破裂压力的主要措施，其中酸处理技术具有不需要增加额外施工设备、现场操作方便的特点，具有广阔的发展前景。酸化预处理就是在压裂施工时，前置阶段向地层注入酸液，酸液类型也根据地层物性参数的不同而有差异。该工艺降低破裂压力的原理主要有 3 个方面：第一，通过酸液与岩石矿物的反应，微观上改变岩石的物理性质，解除储层的伤害，增大岩石的孔隙度、渗透率、岩石比表面，提高储层岩石的吸液能力，降低储层的破裂压力，有利于压裂施工时提高排量，进而形成宽的裂缝，改善裂缝导流能力；第二，通过酸液与岩石的溶蚀作用，破坏岩石的胶结结构，在宏观上改变岩石本身的力学性质，降低储层的破裂压力；第三，改善了岩样的孔隙结构和渗流能力，导致岩样性质改变。酸液通过与污染钻井液、岩样矿物颗粒、胶结物等发生化学反应，建立了井筒流体与地层的良好通道，使得压开地层更加容易。

岩石由基质颗粒、胶结物及其孔隙构成。基质颗粒主要包括石英、长石、云母、杂基等，胶结成分有钙质、泥质和硅质 3 类，而孔隙则是流体的储集空间。酸液通过与砂岩矿物中的钙质、泥质胶结物等发生反应，改变了岩石的成分、结构和矿物颗粒间的作用力，使岩石的孔隙度增加，变得松散脆弱，强度降低，从而降低破裂压力。

页岩气体积压裂过程使用的酸液主要为 10%～15% 的盐酸，其作用在于溶蚀地层中部分可酸溶性矿物，使得地层破裂压力降低。酸液添加剂主要包括酸化缓蚀剂、铁离子稳定剂、助排剂以及黏土防膨剂等，其主要配方见表 3-4。

表 3-4　酸液配方

盐酸，%	缓蚀剂，%	铁离子稳定剂，%	助排剂，%	黏土稳定剂，%
10～15	0.5～1.0	0.5～1.0	0～0.2	0～0.5

与常规酸化作业相比，页岩气压裂用酸液的性能要求相对简单，主要是腐蚀速率、铁离子稳定性等满足施工要求即可。

注酸主要是酸与胶结物及部分矿物成分的反应。由于胶结类型繁多，因此酸和胶结物的反应比较复杂。对于钙质胶结，胶结物主要是 $CaCO_3$，其反应方程式为

$$CaCO_3+2H^+ = Ca^{2+}+CO_2+H_2O$$

泥质胶结的主要成分是黏土矿物，成分为高岭石、蒙皂石和伊利石。高岭石和酸的反应方程式为

$$Al_4Si_4O_{10}(OH)_8+24HF+4H^+ = 4AlF_2^++4SiF_4+18H_2O$$

蒙皂石和酸的反应方程式为

$$Al_4Si_8O_{20}（OH）_4+40HF+4H^+\!=\!=\!=4AlF_2^++8SiF_4+24H_2O$$

在酸和矿物颗粒的反应中，由于石英和云母的物理化学性质比较稳定，通常情况下不参加化学反应。长石性质不稳定，种类比较多（包括钾长石、钠长石和钙长石），在一定条件下长石会高岭石化。

钠长石和氢氟酸的反应方程式为

$$NaAlSi_3O_8+22HF\!=\!=\!=NaF+AlF_3+3H_2SiF_6+8H_2O$$

钾长石和氢氟酸的反应方程式为

$$KAlSi_3O_8+22HF\!=\!=\!=KF+AlF_3+3H_2SiF_6+8H_2O$$

钙长石和氢氟酸的反应方程式为

$$CaAl_2Si_2O_8+20HF\!=\!=\!=CaF_2+2AlF_3+2H_2SiF_6+8H_2O$$

反应的最终结果是硅（铝）氧四面体中的硅、铝及四面体外的钾、钠、钙等从长石的骨架中脱离出来进入溶液，而这些组分在溶液中的存在形式取决于溶液的 pH 值。

酸与岩石反应后，通过溶解岩石内部的二氧化硅、长石、钙质、泥质等可溶矿物，改变岩石本身的各矿物成分含量，并产生一些粒间孔和晶体溶孔，在增加岩石孔隙的同时，一定程度上也改善了岩石孔隙本身的连通性，降低了岩石的强度。

1. 酸液有效浓度评价方法

根据使用浓度，按式（3-6）和式（3-7）计算配制一定体积、一定质量分数的盐酸溶液所需要的盐酸和蒸馏水的用量。配制时，将盐酸慢慢加入蒸馏水中，并不断搅拌直至均匀，定容后保存在玻璃细口瓶中待用。

盐酸用量按式（3-6）计算：

$$V_0=\frac{V\rho w}{\rho_0 w_0} \tag{3-6}$$

式中　V_0——盐酸用量，mL；

　　　ρ_0——盐酸密度，g/cm^3；

　　　w_0——盐酸质量分数，%；

　　　V——所要配制的盐酸溶液体积，mL；

　　　ρ——所要配制的盐酸溶液密度，g/cm^3；

　　　w——所要配制的盐酸溶液质量分数，%。

蒸馏水用量按式（3-7）计算：

$$V_w = V - V_0 \qquad\qquad （3-7）$$

式中　V_w——蒸馏水的用量，mL。

2. 常压静态腐蚀实验步骤

根据钢片表面积，计算出酸液用量，量好将其倒入玻璃广口瓶（常规土酸用聚四氟乙烯瓶）中，置于电热恒温水浴锅（100℃以内）加热，待酸液温度达到实验温度后，将塑料细线系在钢片孔上，放入玻璃广口瓶（常规土酸用聚四氟乙烯瓶）中，使钢片能完全浸入酸液中并悬空。开始计时，反应 4h 后结束实验，取出钢片，用清水冲洗后再用丙酮清洗干净，将钢片置于无水乙醇中浸泡 2min 后取出，用冷风吹干，放入干燥器内 30min 后称量。称量并记录钢片质量（精确至 0.0001g）。

腐蚀速率按式（3-8）计算：

$$v = \frac{(m_1 - m_2) \times 10^4}{tA} \qquad\qquad （3-8）$$

式中　v——常压静态腐蚀速率，g/（m^2·h）；

　　　m_1——实验用钢片反应前质量，g；

　　　m_2——实验用钢片反应后质量，g；

　　　t——实验时间，h；

　　　A——实验用钢片表面积，cm^2。

3. 溶蚀率测定实验步骤

将粉碎的岩心粉过 ϕ50mm×25mm、网眼尺寸为 15mm、金属丝直径为 10mm 的标准筛并混合均匀，将岩心粉和定量滤纸在 105℃±1℃下烘干 4h，取出放在干燥器中 30min，称量并记录滤纸质量（精确至 0.0001g）。

称取 1g（精确至 0.0001g）烘干的岩心粉，置于 100mL 带盖塑料离心管中，慢慢加入 20mL 酸液，至岩心粉完全被酸液润湿，立即放入实验温度或储层温度（储层温度高于 95℃时，实验温度为 95℃）的恒温水浴中。记录离心管放入水浴中的时间作为反应起始时间。反应至 2h 时取出离心管，先将上层酸液用定量试纸过滤，然后用蒸馏水冲洗离心管中的残余酸液和反应后岩心粉到该定量滤纸上，直至离心管中无残留物为止，反复冲洗留有岩心粉的定量滤纸，同时用精密 pH 试纸测量滤液 pH 值，直至 pH 值为 7。将反应后岩心粉和定量滤纸一起放入 105℃ ±1℃ 的电热恒温干燥箱中烘干 4h，取出放在干燥器中 30min，称量并记录质量（精确至 0.0001g）。

溶蚀率按式（3–9）计算：

$$\eta = \frac{m + m_3 - m_4}{m_3} \times 100\%$$ （3–9）

式中　η——岩心溶蚀率，%；

　　　m——定量滤纸质量，g；

　　　m_3——反应前岩心粉质量，g；

　　　m_4——反应 2h 后剩余岩心粉及滤纸的质量，g。

$$R = \frac{m_8 - m_6}{m_5 - m_7} \times 100\%$$ （3–10）

式中　R——酸不溶物质量分数，%；

　　　m_5——反应前岩心质量，g；

　　　m_6——快速定量滤纸质量，g；

　　　m_7——反应后岩心质量，g；

　　　m_8——滤纸和酸不溶物质量，g。

图 3–1 是 Z201 地区某典型井的施工曲线。该井先采用 15%HCl 降低地层破裂压力，然后采用冻胶压裂液压开地层，并提排量至 10m³/min 左右，再采用滑溜水携砂，并将排量提高至 12m³/min 稳定加砂，形成复杂缝网，最后采用冻胶压裂液携砂，形成主缝。

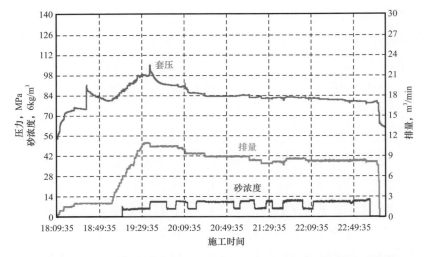

图 3–1　滑溜水 + 冻胶压裂液在某 Z201 地区典型井施工曲线

从施工曲线可以看出，Z201 地区的施工压力较高，但使用酸液压开地层后，压力出现了明显的下降趋势，且滑溜水、冻胶压裂液均表现出了良好的低摩阻特性。

第三节　工作液添加剂

作为非常规油气藏开发的主要技术手段，水力压裂技术受到前所未有的重视，在煤层气和页岩气藏的水力压裂中，滑溜水压裂液得到广泛使用。近年来，滑溜水压裂液发展快速，多级水平井分段压裂的段数已多达 40 段，所需滑溜水压裂液总量高达 $14 \times 10^4 \mathrm{m}^3/$ 井次。

滑溜水已经成为目前应用最成熟的页岩气压裂液，我国页岩气开采初期的压裂均使用了国外公司的滑溜水压裂液体系。可用作水基降阻剂的主要有丙烯酰胺类聚合物、聚氧化乙烯、瓜尔胶及其衍生物为代表的生物基聚多糖降阻剂、表面活性剂类降阻剂等。最初的降阻剂是聚丙烯酰胺，尽管其加量少、性能好，但是随着深层页岩气的开发，丙烯酰胺均聚物不再满足现场施工的需求，各种聚丙烯酰胺改性物相继出现。目前，应用最为广泛的是改性聚丙烯酰胺型的聚合物，特别是聚合物分子侧链带有一定疏水结构的改性聚丙烯酰胺。区别于其他类型降阻剂，在相同使用浓度下具有优异降阻效果的聚合物有以下结构特点：（1）分子结构具有一定黏弹性，体现为聚合度越高、短支链越少、长支链越多，降阻效果越好；（2）分子量越高，降阻效果越好；（3）分子量中，高分子量部分的多少决定了降阻率的高低；（4）聚合物在溶剂中需具有较好的溶解性，同时聚合物大分子与溶剂的相互作用强弱也对降阻性产生影响；（5）多次剪切会造成降阻性能下降，需要在分子设计时，注重提高聚合物耐剪切性能。

滑溜水成分以水为主，总含量可达 99% 以上，其他添加剂主要包括降阻剂、表面活性剂、黏土稳定剂、杀菌剂等，部分地区还加入了阻垢剂等物质，但添加剂的总含量在 1% 以下。尽管添加剂含量较低，但却发挥着重要作用，滑溜水中常见的主要添加剂见表 3–5。

表 3-5　滑溜水中的主要添加剂

添加剂名称	一般化学成分	一般含量，%	作用
降阻剂	水溶性高分子聚合物	0.02～0.1	降低压裂液泵注时的摩擦，降低压力损耗
助排剂	表面活性剂	0～0.2	降低压裂液表面张力
黏土稳定剂	季铵盐	0～0.1	防止黏土水化膨胀
杀菌剂	DBNPA、THPS、棉隆	0～0.005	杀菌
阻垢剂	磷酸盐	0～0.05	防止结垢

一、降阻剂

降阻剂是滑溜水的主要添加剂之一。降阻剂主要为水溶性高分子聚合物，按类型可以分为表面活性剂类降阻剂、天然高分子类降阻剂和合成高分子类降阻剂等，通过分子改性提高其溶解性、耐盐性等性能，从而扩大降阻剂的应用范围。

1. 表面活性剂类降阻剂

表面活性剂包括但不限于乙氧基化醇、乙氧基化蓖麻油、乙氧基化山梨醇酐单油酸酯和山梨醇酐倍半油酸酯以及上述与复分解衍生烷基酯表面活性剂的表面活性剂混合物。

在储层增产改造中，表面活性剂经常被用作清洁添加剂。早期研究表明，表面活性剂的降阻是由剪切诱导结构引起的，剪切后结构可以恢复。然而，也发现在没有剪切的情况下，表面活性剂溶液仍表现出显著的降阻性能，这表明表面活性剂类降阻剂并不需要剪切。表面活性剂的降阻机理可能与聚合物类似。也就是说，降阻是表面活性剂胶束抑制湍流和改变近壁涡的结果。表面活性剂具有不同的离子结构，非离子表面活性剂 ODMAO 在 500mg/L 时可降阻 80%。十六烷基三甲基氯化铵—水杨酸钠复配体系可降阻 73.7%。以 200mg/L 油基三甲亚胺为基料的两性离子表面活性剂可降阻 83%。尽管一些表面活性剂被报道具有良好的降阻性能，但事实上，使用表面活性剂作为滑溜水降阻剂的报道很少。作为添加剂，适当的表面活性剂可以提高聚合物降阻剂的耐盐性能。事实上，表面活性剂通常被用作一种添加剂，以减少岩石基质中流体的毛细管圈闭，促进压裂液返排。

表面活性剂类降阻剂主要是一类具有特殊结构的表面活性剂，能在水中形成独特的胶束，能增加水溶液的黏度，在高速流动时具有良好的降低摩阻的能力。该类降阻剂无毒、无腐蚀，易生物降解，绿色环保，目前使用最多的是季铵盐阳离子表面活性剂。目前，表面活性剂的应用存在以下几个问题：（1）棒状胶束的剪切抗力较差，在高剪切速率下降阻性能急剧下降；（2）黏滞力弱，不能满足黏度要求；（3）成本太高。因此，目前表面活性剂降阻剂在滑溜水中的应用很少，但由于其具有良好的减小毛细管阻力的性能，常被用作滑溜水的清洁添加剂[2-3]。图 3-2 是 3 种常用表面活性剂作为降阻剂时的降阻性能对比。

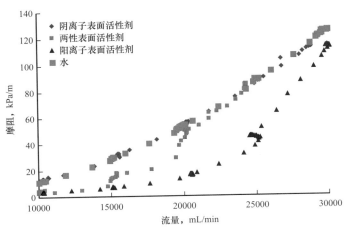

图 3-2　表面活性剂类降阻剂降阻性能对比

从图 3-2 中可以看出，阴离子表面活性剂几乎没有降阻性能，两性离子表面活性剂具有一定的降阻性能，而阳离子表面活性剂具有较好的降阻性能。

图 3-3 显示了阳离子表面活性剂浓度对其降阻性能的影响。

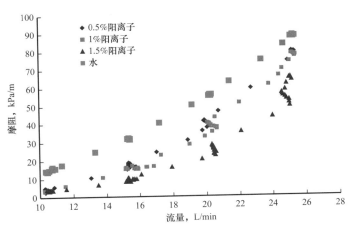

图 3-3　阳离子表面活性剂浓度对其降阻性能的影响

从图 3-3 中可以看出，随着阳离子表面活性剂浓度的增大，其降阻性能也逐渐增加，摩阻逐渐降低。由于表面活性剂类降阻剂的原材料成本高且加量大，限制了其在页岩储层压裂中的应用。

2. 天然高分子类降阻剂

天然高分子类降阻剂通常包括瓜尔胶、黄胞胶、纤维素等天然高分子及其改性物。由于其是天然高分子，在地层温度、压力和细菌作用下逐渐分解，对储层伤害较小，同时具有环保功能，因此在早期的滑溜水配方中一些公司采用瓜尔胶为降阻剂。在羟丙基瓜尔胶中，一些羟基基团被羟丙基醚化。基于它的成分胶液与常规压裂液有本质区别，一种可能的配方由胶凝剂、磷酸酯、交联剂、多价金属离子和催化剂组成。

瓜尔胶浓度对其降阻性能的影响如图 3-4 所示。

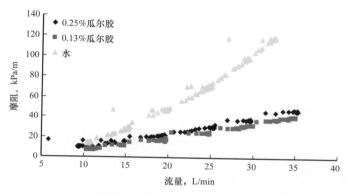

图 3-4　瓜尔胶浓度对其降阻性能的影响

从图 3-4 中可以看出，随着瓜尔胶浓度的增大，其降阻率略有上升，瓜尔胶浓度为 0.13%～0.25% 时，其降阻率约 50%。

由于天然高分子类降阻剂的原材料成本较高且加量大，而其降阻效果不尽如人意，因此目前已未见在页岩储层压裂中使用。

3. 合成高分子类降阻剂

在当前的工业应用中，阳离子型或其他类型聚丙烯酰胺聚合物可应用于含醇压裂液或存在特殊施工要求的压裂液体系中；阴离子型聚丙烯酰胺具有优异的降阻性能且成本较低，是现场使用最多的降阻剂。目前，滑溜水压裂现场使用的降阻剂有聚丙烯酰胺粉剂和乳剂两种剂型产品。粉剂产品成本低、便于运输，但一般溶解速度较慢；乳剂产品拥有溶解速度快、便于现场混配等优点，但成本略高，合成工艺较复杂。常规的聚丙烯酰胺也具有较好的降阻能力，但其降阻能力与分子量直接相关，其分子量需达千万及以上时，才具有较好的降阻性；而据文献报道，具有一定结构的疏水缔合聚合物，分子量在百万级时即可具有良好的降阻性能。油田上常用的聚合物均为改性聚丙烯酰胺类，以丙烯酰胺为主体，针对性地引入少量其余单体，以满足实际生产的需求。以西南石油大学罗平亚院士为首的研究者们长期致力于基于疏水缔合聚丙烯酰胺的压裂液体系的开发，取得了较大的进展，并在油田上进行了应用，但目前仍有一定的不足之处，不能完全满足要求。

市面上常见的聚合物种类很多，如聚乙烯、聚丙烯、聚甲基丙烯酸酯、合成橡胶、聚乙二醇、聚丙烯酰胺、聚丙烯酸、聚苯乙烯等。但在油气田化学增产的研究中，为了获得较好的溶液流变性能，高分子量的水溶性聚丙烯酰胺以及改性聚丙烯酰胺是重点研究对象。

丙烯酰胺水溶性极好，30℃时的溶解度为215.5g/100g（水），且其含有双键及酰氨基，具有双键的化学通性：在紫外线照射下或在熔点时，很容易聚合，且聚合后的产物水溶性良好，是油田最常见的水溶性聚合物。在早期的研究中，聚丙烯酰胺（PAM）也用作降阻剂，但随着油气田开发的进行、油气藏埋深的增加，普通的PAM无法满足压裂酸化过程中对流变性的要求，如耐温、耐盐、耐剪切等基本性能，将其用作降阻剂时，需要其分子量高于千万级才能具有较好的降阻性，此时聚合物的溶解速度较慢，对于现场施工的即配即注方式非常不利，从而大量的速溶性改性PAM被开发出来。

20世纪90年代，以丙烯酰胺和丙烯酸共聚或将PAM水解得到的部分水解聚丙烯酰胺为代表，由于其优良的流变性而得到广泛应用。由于阴离子型的羧酸根部分使得聚合物整体带负电，静电斥力作用使得分子链舒展，流体力学半径增大，使得溶液具有一定的黏弹性，且在相同浓度下的溶液黏度较聚丙烯酰胺的高，从而部分水解聚丙烯酰胺得到了广泛应用。但是该种聚合物的抗盐性较差，在盐水中大量盐离子的电荷屏蔽作用使得该种聚合物表现出显著的"聚电解质效应"，即羧酸根的静电排斥作用被盐屏蔽，聚合物分子在溶液中呈现为卷曲状，流体力学半径变小，溶液黏度大幅度下降，从而性能大大降低，无法满足现场施工要求。20世纪50年代，Kauzmann首先提出了"疏水相互作用"的概念。1984年前后，Evani和Rose等开始探究疏水缔合物用于开采油气的可行性。此后，疏水改性的聚丙烯酰胺得以发展，但大多停留在研究阶段，大面积进行应用推广还处于起步阶段[4]。

随着油气藏开发的进一步进行，为了满足复杂工况下的施工需求，疏水改性聚丙烯酰胺开始得以应用。在部分水解聚丙烯酰胺的基础上，向分子主链中引入少量的疏水基团，使得聚合物的性能得以大大改善。由于分子结构中引入了少量疏水结构，疏水结构能对水溶液环境做出响应，发生分子内或分子间缔合作用，进行自组装，从而调控聚合物分子在溶液中的形态和性能。在水溶液环境中，疏水缔合聚合物通常具有临界缔合浓度（Critical Association Concentration，CAC）。当聚合物浓度低于 CAC 时，疏水缔合聚合物主要通过分子内缔合进行聚集，此时分子链段收缩卷曲，聚集体数目相对较低，流体力学体积较小，体系的黏度也较小。而当聚合物浓度高于 CAC 时，疏水缔合聚合物主要通过分子间缔合进行聚集，此时聚集体数目急剧增加，流体力学体积增大，体系的黏度升高。继续增加聚合物浓度，聚合物分子容易相互缠绕，形成三维立体动态可逆的空间网状结构，并进一步增大了聚集体的流体力学体积，溶液体系黏度显著升高。这使得疏水缔合聚合物表现出与常规聚合物截然不同的溶液性能，即疏水缔合聚合物通常只具有较低的分子量，却能用较低的加量获得较高的溶液黏度。

疏水缔合聚合物具有抗剪切性能，这主要是由于溶液体系中存在一种通过缔合作用形成的具有一定强度的可逆物理交联的三维动态网络结构，疏水缔合聚合物能够对剪切速率进行响应。在低剪切速率作用条件下，由于低剪切作用力有利于分子间的缔合作用加剧，且网络结构具有一定的强度，此时溶液体系黏度随着剪切速率的升高而呈现升高或基本保持不变；在高剪切速率作用条件下，疏水缔合作用形成的可逆物理交联的三维动态网络结构遭到破坏，溶液的黏度随着剪切速率的升高而急剧下降；而当剪切作用停止，静止恢复一段时间后，聚合物分子在疏水缔合作用下，重新形成这种可逆物理交联网络，溶液黏度得以恢复。而常规聚合物在剪切作用下，通常会出现不可逆的降解，其溶液黏度不能恢复。与常规聚合物相比，缔合聚合物具有优异的抗剪切性能。疏水缔合聚合物具有抗盐性能，这主要是由于疏水缔合聚合物分子结构中存在疏水基团，疏水结构能够对溶液极性做出响应，进而改变聚合物分子的聚集形态和溶液性能。当加入适量的电解质（如 NaCl 等）时，由于溶液极性的增加，聚合物分子中的疏水结构使得分子间的缔合作用增强，导致聚合物溶液黏度增高；在高矿化度条件下，疏水缔合作用由分子间作用变为分子内作用，溶液黏度降低，但由于疏水缔合作用的存在，其溶液仍然具有较高的保留率。而常规聚合物则由于其结构中不含有疏水基团，而存在聚电解质效应，导致其溶液黏度在具有一定浓度电解质溶液条件下，黏度急剧下降。此外，由于疏水缔合作用在热力学上属于熵驱动的吸热反应，故升高温度有利于缔合作用的加强，在宏观上表现为溶液具有一定的热增稠或抗温性能，且由于其网络结构的可逆性，其溶液黏度能够对温度进行可逆响应。而常规聚合物在高温条件下，通常会出现不可逆的降解，其溶液通常不具备抗温性能，且其黏度在降温后不能恢复。

随着研究的进行，结合实际油气田生产的情况，疏水改性聚丙烯酰胺以其优异的抗温抗盐抗剪切性能满足了油气田开发的各种性能需求，在酸化压裂、三次采油方面均得以应用，是油气田用聚合物发展的方向。在本研究项目中，着重以疏水改性聚丙烯酰胺进行研究，并研发相应的滑溜水压裂液体系，以期在非常规油气资源（如页岩气、致密气）的开发中得到应用。

Gramain 和 Borreill 研究了线形、星形和梳形聚苯乙烯（PSt）在甲苯溶液中的降阻效率。实验证明，当浓度大于 500mg/L 时，分子量为 0.7×10^6 的线形 PSt 在雷诺数（Re）大于 15000 时仍表现出较高的降阻效率；而星形和梳形 PSt，即使分子量达到 5×10^6，浓度大于 20g/L，也未表现出降阻作用，说明分子链的支化大大降低了聚合物的降阻效率[5]。

Wade 研究了侧基长度对降阻性能的影响，结果发现：在聚合物分子主链上接上短侧基后，降阻性能降低，而接上少量长侧基后降阻性能增强[6]。

McCormick 研究组对水溶性高分子化学结构、分子量及分布、缔合状态、流体力学体积、水动力半径等对降阻效果的影响进行了大量基础性研究。结果表明：除了分子量决定降阻效果外，聚合物与溶剂之间的相互作用强弱也起到了至关重要的作用[7-8]。

目前，国外应用最普遍的水基降阻剂是由一种或多种不同的单体共聚生成的聚丙烯酰胺类降阻剂，具体可分为阳离子型、非离子型、阴离子型和两性离子丙烯酰胺聚合物及共聚物，分子量一般为（1～20）$\times 10^6$，使用浓度一般为 0.24～0.48kg/m³，降阻性能明显优于瓜尔胶和纤维素衍生物。

国外现场使用的降阻剂多为乳剂产品，例如，ALCOMER®110RD 型降阻剂是丙烯酸钠与丙烯酰胺的共聚物，MAGNAFLOC®156 型降阻剂是一种阴离子型聚丙烯酰胺，ZETAG®7888 型降阻剂是一种阳离子型聚丙烯酰胺，FLOSPERSE® 系列降阻剂则具体包括丙烯酸均聚物、丙烯酸 – 丙烯酰胺共聚物、丙烯酸 – 磺酸单体共聚物、马来酸均聚物、马来酸 – 丙烯酸共聚物、丙烯酸 – 丙烯酸酯共聚物等[9]。

2009 年，Superior Well Services 公司因推出的 GammaFRac™ 压裂液体

系而被美国 *E&P* 杂志评为 2009 年世界十项石油工程技术创新特别奖，其中 WFR-3B 降阻剂是该压裂液体系的核心助剂。该公司专利报道降阻剂包括聚丙烯酰胺均聚物、阳离子型聚丙烯酰胺、阴离子型聚丙烯酰胺及两性离子聚丙烯酰胺乳液[10]。

BJ Services 公司报道了一种应用于滑溜水压裂的聚丙烯酰胺三元共聚阳离子乳液降阻剂，其中共聚单体分别为二烷基氨基烷基丙烯酸酯及其铵盐单体、二烷基氨基烷基甲基丙烯酸酯及其铵盐单体和丙烯酰胺，适用于水基压裂液或无水甲醇压裂液体系，特别适用于低温压裂施工，具有低冰点、低表面张力，能够减少滤失、防止黏土膨胀运移，从而有效减少地层伤害等优点[11]。

斯伦贝谢公司 Abad 等通过含酯羰基功能单体与丙烯酰胺共聚，合成了具有选择性降解功能的降阻剂。该降阻剂在 3/8in 管径、35L/min 条件下，室内最高降阻率达 77%，该聚合物对 pH 值、温度变化具有响应性，可以断裂成小分子量片段，从而减少对地层的伤害[12]。

为了满足返排水配制滑溜水的需求，Trican Well Service 公司的 Paktinat 等针对 Horn River 地区页岩气井返排液配制新型高耐盐性降阻剂进行了研究，筛选出适应高矿化度、高 Ca^{2+} 含量的阴离子型降阻剂。哈利伯顿公司推出应用于返排水直接配制滑溜水的第一代和第二代系列阳离子型降阻剂（牌号：FR-78/FR-88/FR-98），其可应用于总溶固含量（TDS）为 50～300000mg/L 的返排水直接配制滑溜水。Javad Paktinat 等在 2011 年对比研究了几种分子量相同的阳离子类和阴离子类降阻剂在单价盐水体系（只含一种盐）、多价盐水体系（含有多种盐）以及现场返排液中的降阻性能。结果表明，所有降阻剂在盐水和返排液中的降阻性能均弱于在清水中的降阻性能；在盐水和返排液中，阴离子类降阻剂的降阻效果最好。近年来，在康菲石油公司的专利报道中，使用了油相和具有一定 HLB 值的乳化剂配制乳液，以数种丙烯酸酯的衍生物作为疏水单体，以反相乳液聚合法合成具有超高分子量的疏水缔合型降阻剂[13-14]。

但是以上研究者发表的文章中只是从结果揭示了他们所研究的产物具有优良降阻性能，并未从设计方法和机理上进行阐述。

早在 1983 年，Witold Brostow 就提出，聚合物分子与溶剂相互作用的强弱也是影响降阻性能的一个方面，作者进而进行了大量的实验研究。2008 年，Witold Brostow 指出，在设计降阻剂分子结构时，如果不考虑分子与溶剂的相互作用能，将会是一个失败的研究。并且明确提出，分子与溶剂的作用能越强，则降阻效果越好；溶剂化作用是比黏度更为重要的一个方面，分子间缔合也是一个极为重要的方面；如果聚合物分子与溶剂的作用能足够强，那么即使低至 10mg/L 浓度的溶液也具有良好的降阻性能。但是 Witold Brostow 并未指出确切的作用力的来源，以及如何设计分子结构以增强聚合物与水的作用力[15-16]。

中国石化北京化工研究院自 2011 年起针对页岩气压裂用高效降阻剂开展研究，从分子设计出发，根据聚合物降阻机理，注重聚合物和水之间的相互作用，设计合成了适应不同储层条件的 BHY-DR 系列的高效降阻剂，包括阴离子型、阳离子型及两性离子型聚丙烯酰胺，并申请了多项专利。中国石化河南油田分公司石油工程技术研究院的室内实验及现场压裂施工表明，降阻剂性能达到了国外同类产品水平，同时具有较好的溶解性、优异的耐盐性、耐温性和剪切稳定性，与现场使用的其他助剂（黏土稳定剂、助排剂、破乳助排剂等）配伍性好，可适用于返排水配制，同时储层伤害小，室内降阻率在加量为 1000mg/L、流速为 7.8m/s 条件下为 63.7%，压裂施工采用 $3\frac{1}{2}$in 油管进行注入，油管下入深度为 3380m，施工过程中排量为 4.73~5.15m³/min 时，降阻率最高可达 63.6%，施工停泵压力为 27.7MPa，现场降阻效果好[17-18]。

中国石油西南油气田公司天然气研究院研发了乳液型聚丙烯酰胺降阻剂 CT1-20，当乳液加量为 0.2% 时，降阻率最高可达 69.3%。现场试验表明，滑溜水在管径为 5.5in 的套管中，排量为 8~10m³/min 时，降阻率为 65.5%~68.3%[19]。

陕西科技大学的马国艳等采用丙烯酰胺（AM）、丙烯酸（AA）和 2-丙烯酰胺 -2- 甲基丙磺酸（AMPS）为亲水单体，使用水溶性差的丙烯酸十二烷基酯作为疏水单体，使用司盘 80 和吐温 80 为乳化剂，水 /15 号白油为溶剂，制备的降阻剂在质量浓度为 0.7g/L 时，降阻率为 62%，且具有良好的携砂能力[20-21]。

Lai 等使用乳液聚合物合成了分子量为 500 万的疏水缔合聚合物作为降阻剂，使用浓度达 0.3%，在溶液黏度较高的情况下，降阻率最高可达 77%[22]。Mao 以两性离子甜菜碱型聚合物作为压裂液主剂，使用盐水配制了压裂液，并测试了压裂液的性能，表明该种聚合物可用在高矿化度的盐水中，但并没有测试降阻率[23]。西北大学的崔强等以含有丙烯酸十八酯、甲基丙烯酸十六烷基酯的混合单体作为疏水单体，以自制分散剂 CP-12、表面活性剂 AS-25 作为乳化剂，合成的降阻剂分子量为 500 万~800 万，溶液质量浓度为 1.2g/L 时，降阻率最高可达 75% 以上[24]。

中国石油大学（北京）的周福建以 AM、AA、AMPS 作为亲水单体和水解单元，以丙烯酸丁基酯为疏水单体合成了聚合物降阻剂。在低流速下，降阻性能主要受到黏度的影响；而在高流速条件下，降阻性能由弹性决定。此外，聚合物分子在水溶液中形成的网状结构，是聚合物具有良好降阻性能的直接原因，网状结构越规则，则降阻性能越好[25]。

2013 年，西南石油大学的刘通义等采用反相乳液聚合法合成了聚丙烯酰胺类降阻剂，并对降阻剂的影响因素和性能进行评价。实验表明，当使用浓度为 0.05% 时，降阻率达 55%。龙学莉等以丙烯酰胺和丙烯酸为单体，采用反相乳液聚合法合成了降阻剂，降阻效果明显，最大降阻率达到了 78%。2010 年，H.Sun 和 R.F.Stevens 等提出尽管降阻剂的用量较小，但是压裂中滑溜水用量大，聚合物对储层的伤害也不可忽视，因此可降解降阻剂成为降阻剂的一个发展方向。H.Sun 和 Benjamin Wood 等认为，提高降阻剂的溶解性能和降解性能可防止降阻剂对储层和裂缝的伤害。提高降阻剂的溶解性能，减少聚合物的水化分散时间，使其在泵入过程中较早地发挥作用，减少降阻剂的用量。通过合成中在主链上引入易降解的官能团，使降阻剂在泵入地下后在储层温度下可降解成小分子，减少对储层和裂缝的伤害。实验室通过化学配伍性、降阻性能、破胶性能及其对地层的伤害与传统降阻剂进行对比，证明了可降解降阻剂的优越性。

在大规模压裂作业中，水资源使用量巨大，随着页岩气区块大大规模开发，水资源短缺的问题日益凸显。尽管有文献报道中认为，返排液的利用价值很低，对压裂液的降阻性能有显著的负面影响，但页岩气滑溜水压裂需要大量的水资源，为了节省成本、减少对淡水的使用和污染，压裂后的返排水常被处理后重新配制滑溜水。由于处理后的返排水中含有大量的钠、钙、镁等金属离子，金属离子与降阻剂分子相互作用，使降阻剂分子链卷曲，流体力学体积减小，降阻性能降低。为此，具有良好抗盐性能的降阻剂有待进一步开发。

当前非常规油气藏的压裂作业已经工厂化，滑溜水即配即注技术得以应用。滑溜水即配即注加砂压裂工艺改变了过去先将液体配好后储存在液罐中，然后再进行施工的传统工艺，采取一边配液一边施工，直接将液体注入地层的工艺技术。该技术使用的滑溜水能实现即配即注，极大缩短了加砂压裂施工准备周期，减少了大量储液罐摆放带来的场地压力，防止了压裂液浪费。其中，关键的技术在于使用水溶性良好的速溶性降阻剂，以避免在即配即注过程中因溶解不好而产生"鱼眼"，影响滑溜水性能。

　　从现场施工及配制要求出发，对页岩气压裂用降阻剂的性能要求包括：高的降阻效率；较高耐盐性；较高耐温性；快速水化溶解以满足现场施工要求；适宜的分子量以降低储层伤害；低成本；无毒无害，满足相应油气田作业要求，排放满足环保标准。

　　许多减阻剂根据所使用的混合水的类型，表现出不同程度的性能，特别是那些"乳液"型产品。除不同的聚丙烯酰胺分子之间的差异外，乳液中的油相也会对破乳作用构成挑战。这些因素直接影响水化速度，依赖于盐度、溶解物质、悬浮物、pH值等水质因素。因此，假设降阻剂以另一种形式应用，如粉末或浆状粉末，它们可能具有内在更广泛的适用性和效率。多种聚丙烯酰胺以不同的形式进行测试，包括油、外部乳剂、粉末和浆料粉末。这些降阻剂在4种不同水质（淡水、5%KCl、海水和采出水）的流动回路中进行测试，结果表明，部分乳液适用水质范围较窄。粉状聚丙烯酰胺样品具有广泛的适用性，而浆状聚丙烯酰胺样品的性能可以与粉状聚丙烯酰胺样品相媲美，而且往往优于粉状聚丙烯酰胺样品，特别是在水质较差的情况下。

　　聚丙烯酰胺反相乳液常用作降阻剂。当用水或盐水稀释反相乳液时，乳液就会发生反转，水滴相将聚合物输送到水或盐水中。油包水乳液形式的一个优点是，聚丙烯酰胺在水相中部分水合，因此它更容易进一步水合，而不会使乳液具有高黏度。

　　一般来说，硬水所含离子（例如钙离子、镁离子）会导致聚合物构造的不可逆变化，然而一价盐（例如氯化钠、氯化钾）溶液对降阻剂的影响是可逆的。因此，一价氯化盐所造成的影响不是永久的，即用某种办法稀释一价氯化盐的盐水，可以使聚合物重新获得性能。这说明聚合物的吸引力不是由化学键决定的，而是受到聚合物分子与溶液中离子之间的电荷影响。

　　鉴于盐水中离子对降阻剂效果产生的不利影响，人们开始关注抗盐降阻剂的研发，这种类型降阻剂的研究及发展开始于2009年。C.W. Aften首先通过实验证明了盐对乳液降阻剂性能的影响，并提出了一类耐盐降阻剂，在含盐量较高的返排液中，其性能不会受到影响或是受影响很小。这类降阻剂应该具备以下特点：乳液降阻剂在盐溶液中具有很好的分散性，使其内部分子完全释放到外相中；聚合物分子在盐溶液中仍保持较好的溶解性及柔韧性。

　　耐盐降阻剂一方面可以在满足操作需求的条件下减少用量，从而节省压裂成本，并且避免了使用大量降阻剂而导致地层伤害风险；另一方面，耐盐降阻剂使返排液代替清水用作压裂液成为可能，从而保护了匮乏的水资源。

目前，市面上大部分滑溜水宣称具有较好的耐盐性，但实际上的耐盐性却不尽如人意。出于成本以及与现场水质配伍的需要，几乎所有公司都采用阴离子聚丙烯酰胺及其衍生物作为降阻剂，这类降阻剂的耐盐性远低于阳离子聚丙烯酰胺和非离子聚丙烯酰胺，在现场应用时通常是以牺牲用量为代价来满足滑溜水的性能要求，增加了实际成本以及对地层伤害的风险。然而，配液用水的矿化度和硬度高达一定范围后，即使增加阴离子聚丙烯酰胺类降阻剂的用量，仍不能保证滑溜水具有良好的降阻性能。

滑溜水的现场配制方式可以分为连续混配和预先配制两大类。连续混配主要是在压裂施工时，采用计量泵将液体添加剂按照滑溜水配方比例泵入混配橇中与配液用水混合，然后直接泵入地层；或采用连续混配车等固体加注装置将固体添加剂泵入混配橇中与配液用水混合，然后直接泵入地层（图 3-5）。连续混配不需要大量的液罐，按照实际施工的需求量实时配制滑溜水，可以满足不同规模的施工要求，现已成为页岩气压裂液配制的主要模式，被广泛应用于页岩气"工厂化"作业中。对于固体降阻剂，由于连续混配车时常发生堵塞等问题，且单台连续混配车难以满足页岩气大排量施工需要，实际施工过程中，通常是先采用连续混配车预先配制一定量的滑溜水（一般下一段施工量的一半左右），在施工时采用 1～2 台连续混配车不断补充来满足大排量施工要求，这实际上并未实现真正的连续混配，且增加了实际配液成本，液罐、混配车还挤占了原本狭窄的场地。中国石油西南油气田公司天然气研究院近年来研发了一种小型的连续混配装置，可以将固体降阻剂直接在线配制成高浓度的浓缩液，并在混砂罐或混砂注入泵中与配液用水混合，能够立即分散、稀释成滑溜水，实现了固体降阻剂的在线加注，现已开始推广应用。

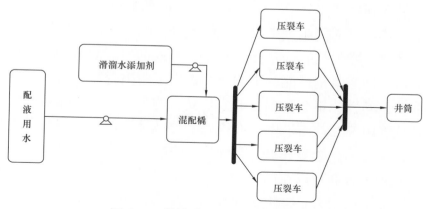

图 3-5　滑溜水连续混配基本工艺

预先配制主要是在压裂施工前，按照滑溜水配方提前用液罐将压裂所需的滑溜水配制好。压裂施工时，将滑溜水从液罐经混砂车、压裂车泵入地层。预先配制需要较多的液罐，在我国页岩气开发初期的直井中应用较多，但随页岩气压裂技术的发展和施工规模的不断扩大，这种配制方式已不能满足页岩气"工厂化"作业需要，现已基本停用。

二、助排剂

助排剂的主要成分为表面活性剂，通常还复配有一定的低级醇。常用的助排剂有非离子含氟表面活性剂、非离子聚乙氧基胺、非离子烃类表面活性剂、非离子乙氧基酚醛树脂、乙二醇含氟酰胺复配物。理想的助排剂应对岩心具有良好润湿性和减小毛细管阻力的特性。由于助排剂在页岩气开发过程中的作用机理尚不完全明确，因此，并不是所有公司的压裂液配方中均含助排剂。目前，页岩气压裂液用助排剂主要分为两大类：一类是微乳增能型助排剂（纳米级微粒），兼具降低表面张力、增大岩心接触角，并能渗透到微细裂缝的作用；另一类是降低表面张力的高活性表面活性剂。究竟哪一种助排剂的效果好，是否应该在页岩气压裂液中添加，目前国内外尚无定论。助排剂在页岩气压裂液中的加量一般为 0.1%～0.2%。

三、杀菌剂

页岩气压裂液的配液水质来源广、水质差，特别是压裂返排液的大量回用，使得配制的压裂液中细菌含量高，容易造成植物胶类压裂液降解，压裂液注入井筒后因硫酸盐还原菌、铁细菌在地层环境下产生硫化氢腐蚀及沉淀堵塞，因此需要在压裂液配方中添加杀菌剂。

常用的杀菌剂分为重金属盐类杀菌剂、有机化合物类杀菌剂、氧化剂类杀菌剂、阳离子表面活性剂类杀菌剂等。重金属盐类离子带正电荷，易与带负电荷的菌体蛋白质结合，使蛋白质变性，有较强的杀菌作用；有机化合物类杀菌剂主要是醛类等，利用其还原作用，与菌体蛋白质的氨基结合，使菌体变性；氧化剂类杀菌剂主要是高锰酸钾、过氧化氢、过氧乙酸等，能使菌体蛋白质中的巯基氧化形成二硫键（—S—S—），使酶失效；阳离子表面活性剂类杀菌剂主要是季铵盐，如新洁尔灭（1227），能吸附在菌体的细胞膜表面，损害细胞膜。实际在页岩气压裂液配方中，主要采用醛类以及复合物作为杀菌剂，避免季铵盐类杀菌剂与阴离子降阻剂之间的不配伍[26-27]。

四、黏土稳定剂

常见的黏土矿物为铝氧八面体或硅氧四面体结构，如图 3-6 所示。黏土防膨剂是用来抑制压裂过程中黏土矿物膨胀和运移，提高酸化效果。黏土防膨剂稳定黏土和微粒的作用机理为吸附在被稳定的矿物表面，吸附是因静电吸引或离子交换引起的。因为硅酸盐在 pH 值高于它们等电点（表面电荷为中性的点）的 pH 值后带负电，所以最有效的黏土防膨剂带正电（阳离子）。常用的黏土防膨剂为季铵盐表面活性剂、聚胺、聚季胺等。

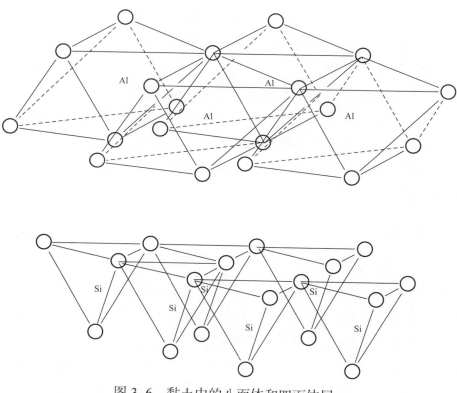

图 3-6　黏土中的八面体和四面体层

在高于等电点 pH 值的条件下，带正电的季铵盐表面活性剂和带负电的黏土间的静电吸引使这些表面活性剂易被硅酸盐吸附。吸附造成的电荷中和降低了黏土的离子交换能力。因此，黏土不再因吸附水合阳离子而发生膨胀，如图 3-7 所示。

聚胺为含有多个氨基的有机高分子，其中氨基为伯胺、仲胺或叔胺，聚胺

在酸溶液中带正电。聚胺的一般结构式为

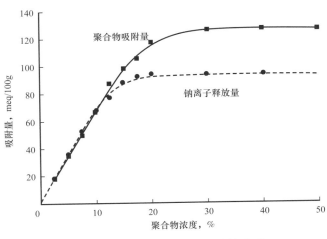

图 3-7　钠离子对聚胺离子的交换

其中，R_1 为羟基，R_2 为羟基或氢，n 为聚合物中氨基的数量。

由于含有许多氨基，聚胺可通过在硅酸盐表面的多点吸附而有效中和硅酸盐的负电荷。聚胺处理过的硅酸盐再与盐水接触，聚胺将失去它的正电性，并被冲离硅酸盐。这时，硅酸盐不再稳定，聚胺的缺点是有效期短且费用高。聚季铵可用于任何水基液体中，包括酸性液体和碱性液体。常用的聚季铵有二甲胺与 3-氯-1，2-环氧丙烷的缩合物和聚氯化二甲基二烯丙基铵。

黏土和微粒因电荷中和、水润湿和聚合物架桥而稳定。石英微粒比黏土的电荷密度低，因此，聚季铵优先吸附在黏土表面，而不是石英微粒表面。用氢氟酸（HF）酸化水敏地层时，应尽量使用黏土防膨剂。若不能在所有液体中加入黏土防膨剂，则须在后置液中加入，之后应继续注入不含黏土防膨剂的顶替液，以保证无黏土防膨剂滞留在井筒中。

除此之外，常用的黏土防膨剂还有 KCl、NaCl、$CaCl_2$ 和 NH_4Cl 等无机盐等，但无机盐防膨剂有效期短，高价金属离子在地层中易产生沉淀。

实际应用过程中，由于压裂返排液的大规模回用，而压裂返排液矿化度较高，本身具有一定的防膨性，因此各大页岩气公司的压裂液配方中很少专门添加，即使添加也采用一些小分子的季铵盐类，以避免高分子类物质带来的地层伤害。

防垢剂主要是针对压裂返排液回用过程中高价金属离子在地层条件下的结垢问题，避免因结垢造成地层伤害。常用的防垢剂有无机磷酸盐类、有机磷酸盐类、聚羧酸类、有机磷酸酯类等。

无机磷酸盐类主要有磷酸三钠、焦磷酸四钠、三聚磷酸钠、十聚磷酸钠和六偏磷酸钠。这类药剂价格低，防 $CaCO_3$ 垢较有效，但易水解产生正磷酸，可与钙离子反应生成不溶解的磷酸钙。随着水温的升高，水解速度加快，使用最高温度为 80℃。

有机磷酸盐类主要有氨基三亚甲基磷酸（ATMP）、乙二胺四亚甲基磷酸（EDTMP）、羟基亚乙基二磷酸钠（HEDP）等。这类药剂不易水解，使用温度达 100℃以上。投加量比较低，有较好的防垢效果。

聚羧酸类主要有丙烯酸、甲基丙烯酸、马来酸、丙烯酰胺的均聚物和共聚物，通常为低分子量聚合物（一般分子量不超过 10000）。有机磷酸酯类分为单元醇磷酸酯、多元醇磷酸酯等，属于阳极型缓蚀剂，防垢机理主要是晶格畸度。

部分防垢剂呈酸性，与页岩气常用的阴离子聚丙烯酰胺降阻剂配伍较为困难，因此即使在页岩气压裂液中加入防垢剂也多为少量的磷酸盐类防垢剂。

五、交联剂

在压裂过程中，简单地依靠稠化剂的黏度无法携带支撑剂，因此需要加入交联剂来提高压裂液黏度，进一步提高携砂能力。交联剂是用交联离子与稠化剂分子链上的含氧基团（—OH、—COOH）形成配位键或化学键，将线性高分子链变成复杂的空间网状结构，极大地增加了压裂液的黏度和分子量。近年来，随着非常规储层的开发，交联剂所需要的适应的温度和地层压力变得更加严格，并扩展到高压/高温（HP/HT）范围内。传统的瓜尔胶和基于瓜尔胶的流体不适用于极高温环境。在 20 世纪 50 年代，硼酸及其硼酸盐作为压裂液中的交联剂开始使用，至今已有 60 多年的历史。硼类交联剂作为最常用的交联剂之一，在压裂过程中被广泛应用。硼原子的电子最外层有 4 个轨道，但硼原子是 +3 价，故硼原子最外层缺一个电子，可以和含孤对电子的原子形成共价键，这就是硼能作为交联剂的原因。硼交联剂包括无机硼交联剂和有机硼交联剂。

无机硼交联剂主要指硼砂和硼酸，其中硼砂是最早使用的水基压裂液交联剂，能与瓜尔胶很好地交联。硼砂溶于水后会解离成硼酸和氢氧化钠，硼酸在水中进一步解离形成四羟基合硼酸根离子，形成的硼酸根离子再与瓜尔胶中的顺式羟基交联，形成网状结构。无机硼交联剂最初因易交联、易破胶、无毒且价格低廉得到广泛使用，但无机硼交联剂普遍存在交联速度快的特点，导致压裂液在地从面输送到地层过程中产生较大的摩阻，不仅使设备损害严重，而且造成资源的浪费。另外，无机硼交联剂耐温性能差（95℃以下），进一步限制了其在高温、高压深井中的应用。

为了解决无机硼交联剂不能抗高温且交联速度快的问题，出现了有机硼交联剂。通常采用两种思路对无机硼交联剂进行改进：一种是采用某种特殊材料以物理方式对无机硼进行包裹。例如，将无机硼酸盐以胶囊形式进行包裹，通过胶囊的溶解过程减缓其电离速度，以达到延缓交联的目的。但是，此方法的缺点是由于分散程度和溶解速率的限制，导致交联速度不好控制。另一种是将硼酸盐电离出的硼酸根离子与有机配体进行整合，形成有机硼络合物，即通常所说的有机硼交联剂，有机硼交联剂再与瓜尔胶类高分子上面的顺式羟基交联形成复杂的网状结构，即形成冻胶。有机硼交联剂在与非离子型植物胶交联时，先发生水解，在水解过程中，有机配体的存在可有效减缓硼酸根离子的生成，从而延缓了交联速度。也就是说，有机配体也可与瓜尔胶类分子上面的羟基发生反应，这就降低了硼酸根离子与非离子型植物胶上面的羟基交联的概率，这种竞争关系就有效地延缓了交联速度，如图 3–8 和图 3–9 所示。

6
HO
OH
B
HO
OH
+ HO
OH OH
配体
OH
HO HO
BOH BOH
HOB
配体
BOH
BOH BOH

图 3–8　有机硼交联剂的合成原理

HO
OH
B
HO
OH
+
C
OH
C
OH
+ H+
C
O
B
O
C
C
O
O
C
H+6H2O

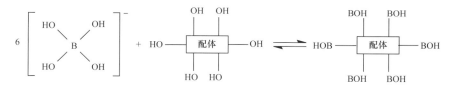

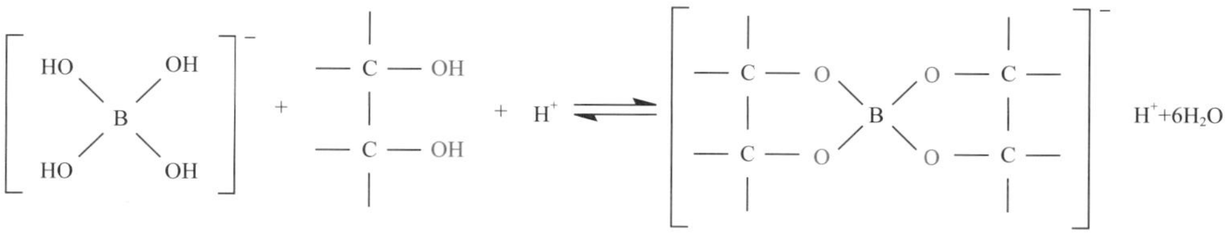

图 3–9　有机硼交联剂与非离子型植物胶交联

通过对无机硼交联剂进行改性，大大减缓了交联速度，降低了施工摩阻，并使交联剂的抗温性能得到显著提升。除此之外，有机硼交联剂还具有良好的剪切恢复性和对储层伤害低的特点，因此得到了广泛的应用。研究发现，噻吩二硼酸（TDBA）、苯二硼酸（BDBA）和联苯二硼酸（BPDPA）增加了交联剂的尺寸，可得到更高的流体黏度分子结构式如图 3-10 和图 3-11 所示。与硼酸相比，这些较大尺寸的交联剂获得了更高的黏度值。然而，与制备这些交联剂相关的成本过高，使其不切实际。因此，使用硼酸三甲酯作为硼与胺反应的来源，该反应可产生具有成本效益的大尺寸氨基硼酸酯化合物，以交联瓜尔胶基聚合物。

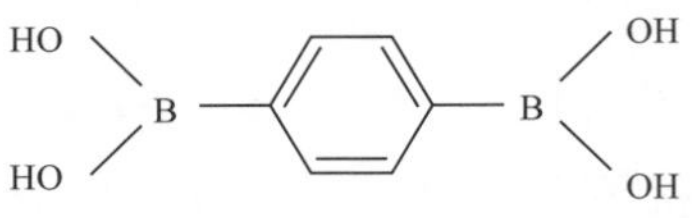

(a) 苯二酸（BDBA）

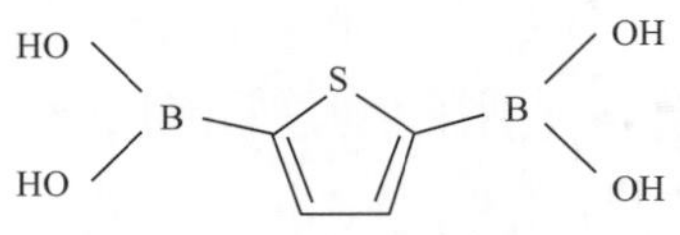

(b) 联苯二硼酸（BPDPA）

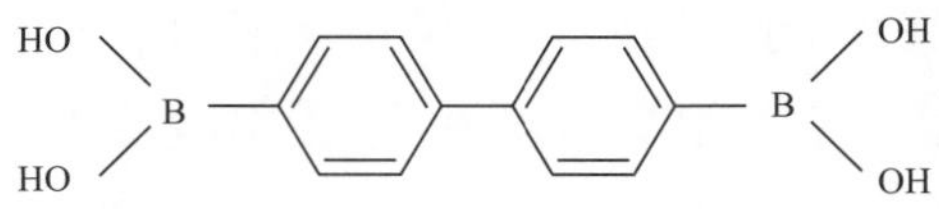

(c) 噻吩二硼酸（TDBA）

图 3-10　较大尺寸硼酸基交联剂的化学结构

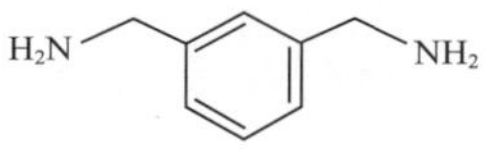

(a) 3-氨基甲基苄胺

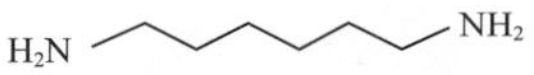

(b) 聚乙烯亚胺

图 3-11　3- 氨基甲基苄胺和聚乙烯亚胺的化学结构

20 世纪 70 年代，过渡金属交联剂开始在压裂液中使用，该类型的交联剂与稠化剂交联形成的冻胶能够耐受较高的温度，因此在高温油井中应用较多，早期常用的无机金属类交联剂包括 $TiCl_4$、$TiOSO_4$、$ZrOCl_2$ 和 $ZrCl_4$ 等。压裂工业中最常用的金属交联剂是锆，其余还有钛、铝、铁和铬。过渡金属交联剂与稠化剂的作用机理是通过与水分子形成多核的羟桥络离子，络离子与稠化剂分子发生络合反应，生成环形结构的化合物，该交联体系的化学作用力较强，这也是该类型交联剂比硼类交联剂耐温性更好的原因之一。然而，与无机硼交联剂类似，无机过渡金属类交联剂同样存在交联速度快、交联效率低等问题，为此一些研究工作者将有机配体与过渡金属进行复配，得到了有机过渡金属交联剂。有机金属交联剂常用的配体有三乙醇胺、异丙醇、乳酸、乙酰丙酮等。

通过络合作用得到了有机金属交联剂，如乙酰丙酮钛、乳酸钛（乳酸锆）等。由于引入了配体，使交联剂分子的尺寸进一步增加，交联剂与稠化剂的交联效率得到提高，有效减少了稠化剂的用量，使压裂液的残渣量降低，对储层渗透率的伤害较小，并且降低了压裂施工的成本。

钛可与乳酸、异丙醇和三乙醇胺等进行螯合形成有机钛交联剂，可用于150～180℃的高温储层。有机钛交联剂主要有双乳酸双异丙基钛酸铵、正钛酸四异丙基酯、正钛酸双乙酰丙酮双异丙基酯、三乙醇胺钛酸盐等，其显著的优点有：交联剂使用量较少，交联速度可控，交联后形成的冻胶强度大、耐温性好，交联剂所使用的范围较宽，可与瓜尔胶、纤维素等进行交联。

此外，常见的钛配合物可以水解和缩合，从而导致 TiO_2 纳米颗粒的原位形成，这些纳米颗粒可能是交联过程的关键。Li 等报道了用采出水配制钛交联的瓜尔胶压裂液。用采出水和 40×10^{-12} 瓜尔胶制备的 Ti 交联的瓜尔胶流体在 89℃下在 100mPa·s（100s^{-1} 剪切速率）下的黏度显示约 100min。这些由 CO_2 激发的 Ti 交联的瓜尔胶流体已成功用于新墨西哥州许多井的多级压裂作业中，总共包括 23 个压裂阶段。井底温度为 93～107℃。用含锆的盐或有机酯与配体以共价键的形式进行整合，可得到有机锆交联剂。目前，大量研究的多是无机锆盐，如氯化锆（$ZrCl_2$）或氧氯化锆（$ZrOCl_2 \cdot 8H_2O$），其中氧氯化锆的使用最为普遍，无机锆盐与有机配体（链烷醇胺、多元醇、多羟基羧酸盐、醛类等）在一定条件下螯合可以得到有机锆交联剂。以氧氯化锆为例，氧氯化锆经多次水解得到羟基锆离子，羟基锆离子在不同的 pH 值环境下可以转换成羟基水合锆离子和锆酸根离子。锆离子在酸性至中性条件下生成羟基水合锆离子，能很容易地与配体络合形成多核络合物，络合物能与阴离子型的植物胶衍生物、阴离子型 PAM 衍生物交联，形成耐高温的冻胶。氧氯化锆水解后存在锆酸，锆酸能与非离子型植物胶上面的羟基交联形成冻胶，当向水溶液中加入氢氧化钠时，pH 值为 9 时呈乳白色凝胶状的锆溶液也能与非离子型的植物胶交联。但锆与非离子型植物胶交联形成的冻胶性能不理想。

还有一种方法是采用锆酸酯为原料，如锆酸四异丙酯、锆酸四丁酯，使其与有机配体（多元醇、链烷醇胺、α- 羟基羧酸、β- 二酮）在一定条件下螯合，生成多核络合物（例如，锆酸四丁酯与乙酰丙酮螯合，生成乙酰丙酮锆络合物，反应式如图 3-12 所示），该络合物再与植物胶及其衍生物、聚丙烯酰胺及其衍生物等交联形成冻胶。形成的冻胶具有很好的抗温和延缓性能，适用于深井高温储层的压裂改造。

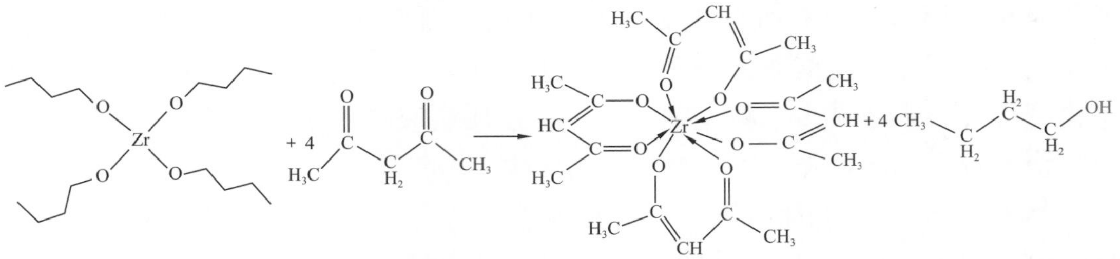

图 3-12　锆酸四丁酯与乙酰丙酮的反应式

在研究早期，为了增加合成凝胶在高温下的热稳定性，学者们将 2- 丙烯酰胺 -2- 甲基丙磺酸（AMPS）单体引入聚合物体系中。Funkhouser 等报告了 AMPS、丙烯酰胺和丙烯酸或其盐的三元共聚物，该系统使用了锆基金属交联剂。当单体的物质的量比为 60% AMPS、39.5% 丙烯酰胺和 0.5% 丙烯酸酯时，可达到该系统的最佳性能。该系统可以在 176～204℃工作。基于之前的研究，Funkhouser 等表明这些三元共聚物的使用浓度高达 86lb❶/1000gal❷。导流能力恢复 34%～100%，具体恢复到何种程度取决于破胶剂的封装和测试温度。后来，Funkhouser 等进一步报道了另一种胶凝剂，由丙烯酰胺、AMPS 和丙烯酸共聚得到。该聚合物也可与金属交联剂交联。Geetanjali 等将 Zr 类交联剂交联 KG 凝胶后的性能与 Guar–Zr 交联凝胶进行比较，结果发现 KG–Zr 凝胶体系是一种对 pH 值和脱水收缩高度敏感的聚电解质体系。在高达 150℃的压裂液流体中的热稳定性好，这主要是由于锆和聚合物链之间通过离子键和共价键之间发生了强烈的相互作用。这种新型交联凝胶体系留下的残留物更少，并具有更高的渗透性[28-29]。

与硼酸酯—聚合物键不同，锆类交联剂和聚合物键之间的键不会恢复。因此，有必要通过使用适当的配体来控制金属交联剂释放。锆交联剂形成的冻胶抗温性能极好，其显著的特点是：可延缓交联；能在酸性条件下与聚丙烯酰胺类聚合物交联，形成高黏度的冻胶，该冻胶具有很好的抗温性；冻胶的破胶液残渣含量低，破胶液可防止黏土膨胀。

铝交联剂有明矾、铝乙酰丙酮、铝乳酸盐、铝醋酸盐等，可与聚丙烯酰胺及其衍生物进行交联。铝交联剂的使用 pH 值在 6 以下，通常需要添加有机酸或无机酸进行活化。有机铝交联剂有一定的延缓性能，但其与聚合物交联后形成的冻胶强度较弱，因此在水力压裂方面的应用较少，多用于油田堵水、调剖

---

❶　1lb=0.4536kg。

❷　1gal（美）=3.78541dm³，1gal（英）=4.54609dm³。

调驱等方面。

　　锑交联剂通常指有机锑交联剂，通常需要在酸性条件下与植物胶进行交联，交联后形成的压裂液具有很好的悬浮能力，但由于其适用温度太低及所需pH值环境较为苛刻，其已逐渐淡出了人们的视线。

　　硼交联剂交联瓜尔胶形成的冻胶具有较好的剪切恢复特性，这主要归因于交联作用力为氢键作用，这种键的作用力较弱，因此压裂液的耐温性不是太好。以过渡金属类交联剂进行交联的压裂液，由于稠化剂与交联剂是以较为稳定的化学键（配位键）作用，使交联后的压裂液体系具备较好的耐温性能。为了弥补两类交联剂的不足，一些研究人员将硼和过渡金属进行复合，得到了复合型交联剂（硼钛交联剂、硼锆交联剂）。对于温度为 $300\sim375°F$ [1] 的高温高压井，这种结合了硼酸盐和锆酸盐交联剂的新型压裂液比仅基于硼酸盐的交联剂更为合适。

　　纳米技术与功能纳米材料具有出色的电、光、磁、催化和力学性能，在许多行业中都有广泛的应用，因而受到了广泛的关注。纳米技术具有巨大的潜力，可以彻底改变油田作业，例如勘探、钻井、完井、增产、提高采收率以及纳米传感器。目前，已研究得到的纳米交联剂包括纳米二氧化锆、纳米二氧化钛、二氧化硅，以及一些功能化的硼纳米交联剂等。纳米材料性能与常规的材料不同，在水基压裂液中纳米交联剂与稠化剂的作用机制得到了研究者的关注。在交联效率方面，纳米交联剂可以有效地提高与稠化剂交联效率，使分子间的交联概率得以提高，在满足压裂液工作黏度的情况下，降低稠化剂的用量，节约压裂成本。图 3-13 显示了苯硼酸官能化（间位异构体、邻位异构体和对位异构体）纳米胶乳的结构，它们可使瓜尔胶或瓜尔胶衍生物交联。用对苯基硼酸进行官能化更加困难，并且硼官能度非常低。间位异构体显示出比邻位异构体高得多的交联效率。与常规的硼酸盐交联体系相比，使用这种官能化的纳米胶乳的优点是降低了所需的硼浓度。仅以纳米胶乳形式添加 2mg/L 的硼就能产生最大的凝胶黏度，而标准瓜尔胶 / 硼酸盐体系则需要使用 30~120mg/L 的硼。

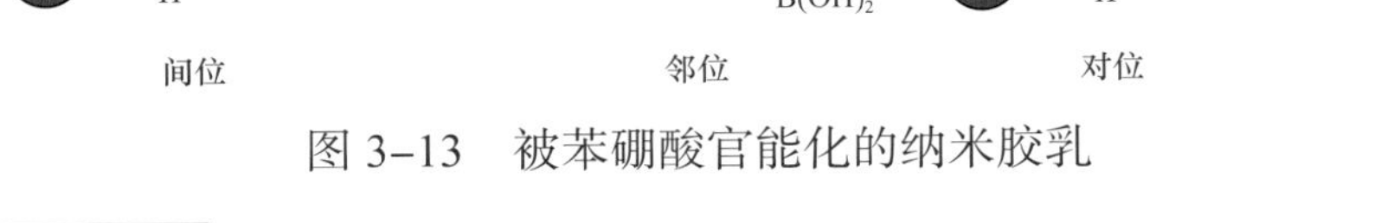

间位　　　　　邻位　　　　　对位

图 3-13　被苯硼酸官能化的纳米胶乳

[1] $°F=\dfrac{9}{5}℃+32$。

　　Feng Liang 等使用官能化的含胺聚合物涂层的纳米交联剂来交联丙烯酰氨基合成聚合物开发高温应用压裂液。在这项研究中使用的纳米颗粒是基于二氧化硅的纳米颗粒[30]。这种交联/胶凝过程的化学过程取决于丙烯酰氨基聚合物的丙烯酰胺侧基与纳米交联剂的氨基之间的氨基转移（图 3-14）。随着温度的升高，纳米交联剂的存在改善了交联凝胶的流变性质。与其他现有技术相比，已实现 25%～50% 的基础聚合物负载量减少。

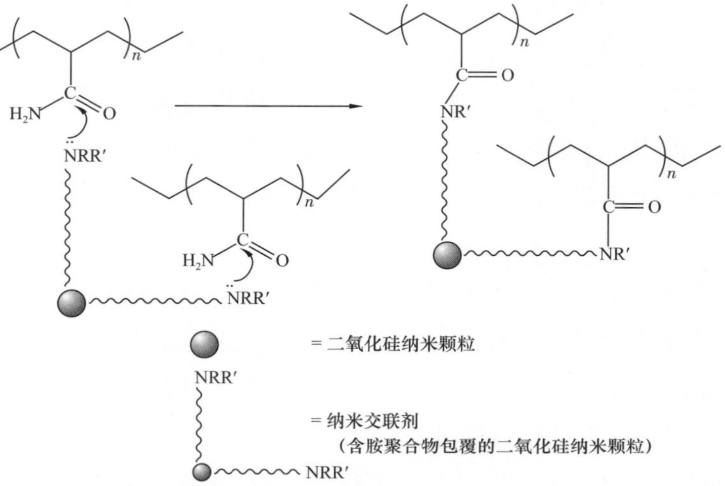

＝二氧化硅纳米颗粒

＝纳米交联剂
（含胺聚合物包覆的二氧化硅纳米颗粒）

图 3-14　基于二氧化硅的纳米交联剂上的丙烯酰胺侧基与胺之间的氨基转移反应

　　尽管之前的研究取得了比较好的结果，但基于聚合物的凝胶与纳米交联剂的交联机理还不是很清楚。由于聚合物悬浮液中的纳米颗粒可能受到不同的力，因而其性能受到影响。其中的一些力已被确定为布朗力、颗粒—颗粒相互作用、颗粒流体相互作用和动态流动力（例如黏性力）。未来的研究还应通过确定理想的纳米颗粒浓度以改善流变性能，来研究不同纳米颗粒作为额外添加剂的性能，以减轻高储层温度和压力对交联瓜尔胶凝胶黏度的影响。

　　目前，油田常用的适用于高温高压的交联剂主要有有机硼交联剂、有机锆类交联剂和复合交联剂。表 3-6 分析了不同交联剂的优缺点，相比于无机硼交联剂，有机硼交联剂的交联速度大大减缓，降低了施工摩阻，并使交联剂的抗温性能得到显著提升。除此之外，有机硼交联剂还具有良好的剪切恢复性和对储层伤害小的特点，因此在中高温地层得到了广泛的使用。有机金属交联剂具有很好的抗温性能，尤其适用于高温、超高温储层，其中有机锆交联剂的研究最为广泛、成熟。有机锆交联剂除具有抗高温的优点外，还具有很好的延缓性能，可以有效降低施工摩阻，提高增产效率。另外，有机锆交联剂合成方法简单，适合规模化生产。

表 3-6　不同类型交联剂优缺点对比

交联剂类型		优点	缺点
硼类	无机硼	易交联、破胶，无毒，价格低廉	交联速度快，摩阻大，耐温性差（95℃以下）
	有机硼	具有良好的剪切恢复性，残渣少，对储层伤害小，最大耐温 150℃	成本略高，适用 pH 值小（3～5）
金属类	钛	交联剂用量较少，交联速度可控	耐剪切性能差
	锆	可延缓交联，耐温性好（最大 204℃），适用 pH 值范围广（3～11）	耐剪切性能差
	铝、锑	现今很少使用，不适合高温环境，且适用 pH 值较为苛刻	
复合类	硼钛、硼锆	抗高温，对地层伤害比金属类小	
纳米交联剂		对地层伤害很小	处于室内研究阶段，具体现场试验未见报道

交联剂作为压裂液中的主要添加剂，其好坏直接关乎着压裂施工的成败。目前，对于 120～150℃ 的高温储层，使用最多的是有机硼交联剂，但对于 150℃ 以上的高温储层，有机硼交联剂则不能满足需求。

六、破胶剂

滑溜水中降阻剂浓度尽管很低，但泵入地层液量大，降阻剂也将对地层产生伤害。现有降阻剂的 C—C 主链很难被常规氧化剂打断，难以降解。

2010 年，H.Sun 和 R.F.Stevens 等认为即便使用氧化型破胶剂，这些降阻剂还是会对地层造成一定伤害。H.Sun 和 Benjamin Wood 等提出有两种方法可以解决高分子降阻剂造成的地层伤害问题：一是研发更有效的降阻剂，它应含有更高效的聚合物，或具有更好的水化分散性，以缩短降阻剂水化前的潜伏期，使得其在泵入过程中较早地发挥作用，从而降低降阻剂的浓度，达到降低伤害的目的；二是研发极易降解的降阻剂，使得其在井底条件下便降解，并留下极少的残渣。据此，H.Sun 等研发了一种新型的易被降解的降阻剂，其主要特点为：以液态传输，使运输和现场作业更方便；水化分散较快，能在泵入过程中更早地发挥作用；与清水、KCl 溶液、高浓度盐水以及返排液配伍性强，并能够在剪切作用下保持稳定；泵入过程中与破胶剂以及其他处理剂（阻垢剂、杀菌剂、黏土稳定剂、表面活性剂等）兼容；更加高效，大大减少了现场聚合物的用量；由于该降阻剂对油田使用的氧化型破胶剂更加敏感，使得其降解更加容易，且在一般地层温度下比传统降阻剂降解更迅速、更彻底，因而能最大限度地降低地层伤害[31]。

中国石油西南油气田公司天然气研究院开发了一种可降解的降阻剂及滑溜水。降阻剂因在主链上引入了易降解的酯类结构，在酸性，或碱性，或温度高于70℃时逐渐分解成小分子，大幅降低了高分子降阻剂对地层的伤害；同时，该滑溜水的助排剂采用微乳增能的纳米表面活性剂颗粒，通过减少地层对表面活性剂的吸附和改变压裂液在地层中的气液驱替特性，提高了压裂液的返排速率和返排率，进一步降低滑溜水对地层的伤害，岩心渗透率恢复率提高了5%～10%。

滑溜水对于水的需求量是巨大的，为了满足对淡水的需要以及节约成本，人们采用各种水处理技术，利用化学及机械措施将返排液中的固体和杂质去除，以便对其进行重复利用。然而，现有技术对于返排液脱盐的成本非常高，普通技术又难以将返排液中的溶解盐及高价金属离子除去，因此，人们研发了耐盐降阻剂及耐盐滑溜水。

当盐水的硬度达到50mg/L时，就会导致降阻剂性能降低；当盐水的硬度超过降阻剂所能承受的范围时，可能对聚合物产生永久性的破坏。此外，当盐水中含盐成分为一价盐时，盐分产生的离子强度也会对聚合物作用的发挥造成不利影响。

破胶剂在完井、压裂中作为添加剂广泛使用。在压裂作业过程中，高黏度的压裂液携带支撑剂，在一定压力的作用下注入目标储层，使储层压开裂缝，进而将支撑剂填充在裂缝中，形成具有导流能力的"通路"来提高岩石的渗透率，进一步提高油气资源产量。当支撑剂被置于裂缝之后，高黏度的流体在破胶剂的作用下，使交联的流体快速破裂为较低黏度的液体来保证裂缝具有一定的导流能力，减少交联凝胶的堵水效应，并且减少压裂液对储层的伤害，交联液破胶后，破胶体系返排到地面，减少其储层及裂缝的渗透性伤害。因此，破胶剂在压裂液中同样起着非常重要的作用。水基压裂液中常用的破胶剂有酸性破胶剂、酶类破胶剂和氧化性破胶剂。

酸破胶剂通常是在基质酸化中逆转压裂液交联过程的必要组分。这些酸通常与在压裂中使用的聚合物凝胶结合以提供酸性压裂液。一旦形成胶凝酸，就添加锆基交联剂使聚合物交联以形成足够的黏度。在酸压中使用胶凝流体的原因和优点是抑制或延迟了酸与地层的反应，防止酸被消耗而几乎没有地层渗透。一旦将交联的流体注入井眼并使地层破裂，酸便会以非均匀的方式腐蚀裂缝表面，形成导流通道，在裂缝闭合后，这些通道将保持开放而无须任何支撑剂。同时，氟硼酸作为破胶剂开始交联过程。首先，它分解为氢氟酸，然后氢氟酸释放出氟离子，该氟离子将锆离子束缚在一起，并在酸压裂处理完成后破坏锆聚合物的交联键。酸的黏度会随着时间的流逝而降低，从而更容易回收用过的胶凝酸溶液。酸性破胶剂还可以创造低 pH 值环境来破坏瓜尔胶聚合物。瓜尔胶或衍生的瓜尔胶聚合物的稳定与 pH 值和水的氧气浓度有关。当通过添加凝胶稳定剂消除氧的影响时，黏度在较低的 pH 值下会更快地降低。然而，在这种情况下，破胶剂的应用受到许多因素的限制。

　　酶作为破胶剂已被使用多年。酶是活生物体产生的天然催化剂，它们具有与细胞代谢过程有关的非常特殊的功能。每种酶仅作用一种或某一类底物。由某些细菌和真菌产生的几种不同的酶能够攻击瓜尔胶和相关的半纤维素。这些酶攻击瓜尔胶分子并降低其分子量的酶促断裂机制，与氧化剂不同，它们在此过程中没有被消耗。理论上，单个酶分子能够降解无限数量的瓜尔胶分子。在最佳条件下，某些酶可以将诸如瓜尔胶及其衍生物的复杂聚合物降解为简单的糖溶液（单糖和二糖）。这类新的、改良的酶已被商业化开发。这些酶具有极高的底物特异性、高温稳定性（最高 93℃），在扩展的 pH 值范围（2～11）内具有活性。

　　酶是活细胞产生的大型、高度专业化的蛋白质。它们是无毒的，很容易在环境中分解或吸收。因此，酶破坏剂被认为是对环境友好的。酶在反应引发过程中不会改变酶的结构，因此，酶可能随后在聚合物上引发另一个断裂反应，依此类推。酶引发的反应称为"锁和钥匙原理"。它们的反应性仅限于它们可以匹配的那些特定底物位点。

　　瓜尔胶的结构（图 3-15）可以简单地定义为重复单元的聚合物。对于酶来说，设计瓜尔胶聚合物结构分解的最有效方法是将攻击集中在 β-1,4 键和 α-1,6 键上。这些键的成功裂解将使聚合物还原为完全溶于水的单糖。现有的许多不同酶仅对瓜尔胶聚合物具有特异性，但不能有效地将聚合物还原为单糖或降低分子量。该酶必须是聚合物特异性的才能与聚合物匹配，而且还必须是聚合物键特异性的，攻击适当的键以影响所需的降解。如上所述，最有效的途径是先切割甘露糖单元之间的 β-1,4 键，然后再切割半乳糖和甘露糖单元之间的 α-1,6 键，如图 3-15 所示，这可以被认为是酶破坏剂最高效率的破坏机制。

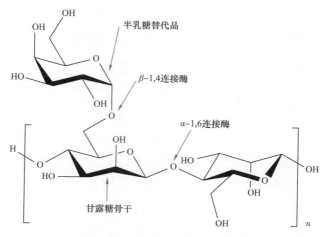

图 3-15　瓜尔胶结构示意图

将酶引入聚合物水溶液后，它将寻找并附着在聚合物链上，直到该聚合物链在行进的任何位置都可以完全降解，即在初次断裂内变成天然的。因此，在整个裂缝中，酶降解将与聚合物一起分布并均匀地集中，这对于酶破胶剂而言是一个主要优势，这表明酶可以在储层中的任何位置提供长期的聚合物降解。

许多研究认为最常见的破坏剂是氧化剂，例如过氧化物和过硫酸盐。这些氧化剂反应性物质分解产生自由基的氧化机制，这些自由基攻击聚合物链并引起降解。过硫酸盐在水中具有很高的溶解度。例如，过硫酸盐（过硫酸铵）的热分解会产生高反应性的硫酸根，这些自由基会侵蚀聚合物，从而降低其分子量和增黏能力。另一种方式是采用低挥发性的过氧化物（例如过氧化钙）来限制溶液中反应性物质的数量。同样，也有研究者指出，有机过氧化物可以溶解在油中或分散在压裂液中。随着时间的流逝，过氧化物会从油滴缓慢分配到水性流体中，从而导致延迟破裂。

最常见的氧化剂是过硫酸盐（$S_2O_8^{2-}$）、过氧化物（O_2^{2-}）和溴酸盐（BrO_3^-），在这些氧化剂中，过硫酸盐用作破胶剂已有 40 多年的历史了。这些反应性物种分解产生自由基，这些自由基攻击聚合物链并引起降解。为了描述氧化破坏机理，以过硫酸盐破坏剂的降解为例，讨论了它的逐步过程，其工作原理如下：

（1）过硫酸根离子分为两半，称为自由基。该过程称为链引发。

$$Q_3S—O : O—SO_3 \longrightarrow SO_4^- + SO_4^-$$

（2）过硫酸根自由基将水氧化生成硫酸根和两个新的称为羟基的自由基。

$$SO_4^-+H_2O \longrightarrow SO_4+OH^-$$

（3）羟基与瓜尔胶反应生成水和瓜尔胶自由基。羟基自由基在不同位置反应，可以生成不同的瓜尔胶自由基。一个瓜尔胶自由基可在内部或外部与瓜尔胶反应，形成另一种瓜尔胶自由基。

$$OH^-+Guar \longrightarrow Guar^-+H_2O$$

（4）当生成一定的瓜尔胶自由基物种时，它可以再次与水反应，这会从瓜尔胶聚合物链上除去一个键。该反应产生两个较短的聚合物链并释放出羟基。

$$Guar^-+H_2O \longrightarrow 2Guar+OH^-$$

步骤 4 的羟基自由基在步骤 3 的路径上继续。每次发生该反应时，聚合物分子量都会降低。这整个过程是突破性的化学过程。事实上，一个过硫酸根离子仅生成两个羟基，但是这两个羟基可以发生反应，被再生并再次发生数百或数千次反应。该反应是真正的催化过程，使过硫酸盐成为瓜尔胶型聚合物非常有效的破胶剂。

过氧化物是一种非常稳定和强大的氧化剂，通常用作内部破胶剂以除去滤饼。根据储层孔径分布和活性物质含量，有许多不同类型的过氧化物产品可用。过氧化镁在工业中广泛使用，其作用如下：

（1）与盐酸接触后，固体过氧化物分解形成过氧化氢。

$$MgO_2+HCl \longrightarrow H_2O_2+MgCl_2$$

（2）过氧化氢产生原位氧气，使聚合物附着。

$$2H_2O_2 \longrightarrow O_2+H_2O$$

（3）当聚合物暴露于氧气时发生自氧化。

$$Guar+O_2 \longrightarrow Guar^-+HOO$$

其他主要氧化剂，例如溴酸钠、溴酸钾和溴酸铵，具有使凝胶降解并降低黏度的相同机理。但是，由于它们本身对温度和 pH 值敏感程度不同，因此应考虑实际情况选用。

通常，当温度较高（通常高于 82℃）时，正常破胶剂变得过于活跃。在这种情况下，液体可能在发生作用前就迅速降解。这个问题可以通过在低渗透膜中包裹或"封装"破胶剂来解决。对于之前提到的氧化破胶剂，自由基的产生和压裂液黏度的降低受温度的强烈影响。而且在许多情况下，需要不断提高破胶剂浓度，以提供更好的清理效果。但是，如果向流体中添加过多的活性破胶剂，则流体流动性质会受到影响。矛盾的是，破胶剂的浓度需要足够高以用来提高支撑剂充填的导流能力，但过高的破胶剂浓度会降低流体黏度，从而无法有效地产生裂缝并有效地支撑支撑剂。此外，当温度高于93℃时，过硫酸盐之类的化学物质会很快在流体中消耗掉。酶破胶剂虽然会通过不同的机理破坏凝胶，但仅限于特定的温度和pH值条件，除非使用酸将pH值降低至适合酶的范围，否则压裂液最初的高pH值将使酶永久变性。因此，如果不做任何延迟释放研究，则在压裂早期阶段，酶和酸的包装将受到严重损害。为了避免上述问题，有必要引入延迟或延迟反应以获得更好的控制方法。

综上所述，几十年来，为了降低聚合物与破坏剂之间的反应速率，采用了各种各样的方法。普遍使用的方法是封装法，它可以提供延迟的破裂时间，因为反应性化学物质通过抗水涂层与压裂液分离。相较于以前的破胶剂技术，在许多现场应用中，封装式破胶剂已获得成功。引入它们是为了向压裂液中添加更高浓度的破胶剂。各种各样的封装方法都可以达到延迟释放的效果。然而，目前仅其中一些是已经商业化的。主要的封装方法是：将活性成分包裹在不可渗透的膜中，压碎后会释放破胶剂；将活性成分包封在不渗透的膜或涂层中，以溶解和释放活性成分；将活性成分包裹在半透膜中，该膜会通过渗透溶胀而破裂（并释放活性成分）；将活性成分包封在可渗透的膜或涂层中，以使活性化学品通过多孔膜溶解，从而使活性成分缓慢释放；将活性成分封装在会腐蚀掉活性成分的材料中，从而将其释放到环境中。

在这些提出的如何从封装材料中释放破胶剂的机制中，有两种是多年来在该行业中最流行的：一种是通过裂缝闭合后压碎涂层释放破胶剂；另一种是通过扩散或渗透溶胀释放破胶剂。在这种涂覆方法中，将过硫酸钠之类的活性破胶剂颗粒放置在腔室中，并通过气流进行流化。根据所需的厚度和初始破胶剂颗粒的尺寸，涂层的粒径可以在颗粒质量的10%～50%之间变化。破碎剂的较小颗粒需要较重的涂层才能获得与较大颗粒相同的膜厚。

破胶对压裂是否成功起着至关重要的作用。在完成压裂造缝和填砂后，需要使聚合物分子与交联剂所形成的交联结构断裂，使溶液黏度降低，水化返排出来。破胶剂的作用就是使分子链断裂。破胶剂一般随其他压裂添加剂一起加入压裂液注入地层中，因此理想的破胶剂需要在压裂过程中维持压裂液的高黏度，以实现携砂作用，而在压裂结束后，发生破胶作用，使压裂液破胶，黏度降低。1990 年以前，破胶剂以常规过硫酸盐（如过硫酸铵）为主，体系较为简单。随着人们环保意识的增强，越来越重视对储层的保护，压裂用剂更侧重于减少对储层的伤害，在 1990 年以后，在破胶剂对压裂液流变性、支撑裂缝导流能力以及对油气井产量的影响方面投入大量研究工作，从不同途径开发了多种压裂液破胶体系，实现破胶的方法主要有热力、机械、生物和化学 4 种（表 3-7）。

表 3-7　破胶方法

途径	原理
热力	热力聚合物因为热力作用分子内化学键或配位键不稳定而降解
机械	聚合物在流动时，剪切力可能导致聚合物侧链卸去，发生剪切降解，降低黏度
生物	生物酶可以破坏聚合物分子的结构，使大分子断裂形成小分子，降低黏度
化学	加入化学试剂，聚合物分子通过解聚作用降低黏度

目前，适用于水基压裂液的常规破胶剂有氧化破胶剂、释放酸破胶剂、酶破胶剂和胶囊破胶剂[32-33]。

常用的氧化破胶剂主要有过硫酸铵、叔丁基过氧化氢、过氧化氢、重铬酸钾等。氧化破胶剂的破胶原理是破胶剂在一定温度下分解产生自由基，使植物胶及其衍生物的缩醛键氧化降解断裂。以常用氧化破胶剂过硫酸铵为例，当温度超过 50℃时，过硫酸铵会分解产生酸和游离氧，降低冻胶的 pH 值，破坏冻胶结构，使冻胶降解，从而实现破胶。过硫酸铵的活性随着温度的升高而增强，因此破胶效果与温度密切相关。当温度低于 50℃时，低温条件下缺少足够的能量产生自由基，因此过硫酸铵的活性降低，破胶效果变差。当温度在 100℃以上时分解太快，快速反应造成不可控制的破胶速率。因此，温度过高和过低都会影响过硫酸铵的破胶效果，这就要求在现场应用中根据油气层温度和实际情况选用合适的破胶剂。另外，该类破胶剂在使用过程中，由于发生氧化或氧化还原反应，因此可能会与管材、地层基质和烃类等发生反应，生成与地层不配伍的污染物。

常见的释放酸破胶剂有甲酸甲酯、乙酸乙酯等有机酯以及三氯甲苯等。释放酸通过水解反应释放 H^+，从而降低压裂液的 pH 值，破坏冻胶结构，同时植物胶、纤维素及其衍生物的缩醛键在 H^+ 的催化作用下水解断裂，从而引起破胶。释放酸破胶剂作用于碱性环境交联或含有醇醛缩合键的聚合物压裂液的破

四川盆地页岩气储层改造工作液技术与实践

胶，并且释放酸破胶剂是通过改变压裂液的 pH 值，造成压裂液结构不稳定或发生分解，所以这类破胶剂限制用于不与酸作用的岩石地层。因此，释放酸破胶剂应用起来条件限制过多，有明显的不足，所以在水基压裂液中的使用并不十分普遍。

酶作为一种很好的植物胶压裂液破胶剂，在较低温度、弱酸性（pH 值为 5～6）条件下具有很好的适应性。由于植物胶压裂液（如瓜尔胶、香豆胶、田菁胶及其衍生物等）都是半乳甘露聚糖，酶破胶剂可以降低糖键活化能，使植物胶半乳甘露聚糖断键速度提高，水解断裂为水溶性单糖和二糖，破胶返排。我国将生物酶技术应用于压裂液破胶的研究起步较晚，学者易绍金在国外研究成果的基础上，研发出了生物破胶酶，填补了国内空白。相比其他破胶方式，酶具有高效性，破胶时间短，所需浓度低，破胶彻底，并且可以通过控制酶的浓度在作业时间一定的情况下来控制破胶速度，对地层伤害较低，安全环保。但酶破胶剂在生产实践中也存在缺点：（1）生产制备过程复杂，需要进行基因重组、菌种筛选、克隆、基因表达、微生物发酵、纯化精制等一系列过程，工艺复杂，批量生产成为难题，小规模应用时，成本过高难以推广；（2）生物酶与其他添加剂的配伍性需要进行额外的研究；（3）生物酶需要在低温环境中运输储存，保质期短不易于存放。近年来，对生物酶破胶剂的研究越来越多，对酶破胶剂适用性的研究已成为重要的研究方向[34]。

胶囊破胶剂是在氧化破胶剂或酶破胶剂外面包裹上合成外壳，根据囊芯和囊衣材料的物化性质，可以采用 Wurster 流化床法、界面聚合法等包裹成囊，制成胶囊破胶剂。其释放破胶剂途径有：（1）囊衣缓慢溶解后释放破胶剂；（2）囊衣在高温下分解释放破胶剂；（3）通过囊衣缓慢渗透释放破胶剂；（4）闭合应力破坏胶囊释放破胶剂。胶囊破胶剂的优点在于通过包裹外壳，可以在不影响压裂液黏度的前提下增大破胶剂用量，提高破胶效果，从而改善支撑裂缝的导流能力。

在低温条件下的压裂施工中，压裂液的流变、抗剪切、悬砂性能比较容易达到要求，取得良好的压裂效果，其关键在于低温下压裂液的破胶速度，在低温浅层加砂压裂液配方中，压裂液破胶难度随温度的降低而增大，存在水化、返排不及时、对储层造成伤害等问题。

迄今为止，解决水基压裂液低温破胶的方法有加入强氧化剂、促进剂 / 引发剂和生物酶 3 种。

（1）强氧化剂：如具有强氧化性的过氧化物，如过氧化氢、重铬酸钾、高锰酸钾等。而重铬酸钾是一种有毒致癌的强氧化剂，不常用作压裂液破胶剂，高锰酸钾在碱性环境下氧化性减弱，而目前水基压裂液大多为弱碱性。过氧化氢具有强氧化性，也可用于破胶剂，但是需要避光、避热，不利于运输操作。

（2）促进剂/引发剂：通过降低破胶剂热分解产生游离基的活化能来降低反应温度，提高反应速率，达到快速破胶的目的。适用于氧化剂作为压裂液破胶剂的水基压裂液，其与氧化剂一起构成低温氧化破胶体系。低温氧化破胶体系具有适用范围广、易于操作和成本低等特点，是目前现场应用和低温破胶技术研究的首选。

（3）生物酶：生物酶破胶剂的环境友好型特点使其能够很好地应用于浅表地层和对环境较敏感区域，酶具有高效性、使用浓度低、破胶彻底等特点。目前，国内外应用的植物胶压裂液体系的 pH 值为 7～10，为碱性交联，而国内外研制的酶破胶剂普遍在 pH 值 3～8 范围内生物酶保持活性稳定，否则酶将迅速失去活性。因此，酶破胶剂受到使用条件的限制[25-29]。

在储层裂缝启裂和支撑剂铺置完成后，必须从支撑剂基体中去除所使用的高黏度流体。此外，在裂缝面形成的滤饼需要清洗。因此，必须破胶降低压裂液黏度。这种化学反应与温度、破胶剂浓度、聚合物浓度和 pH 值相关。Sarwar 等研究了 24～149℃时氧化剂的有效性，如过硫酸铵、过硫酸钠、过氧化物以及半乳甘露聚糖酶。破胶后的残渣含量可作为衡量破胶剂的标准。所有的破胶剂经过破胶实验后都会产生 5%～7%（质量分数）的残留物。发现酶破胶剂可以提供更佳的破胶效果，破胶残留物较少。在温度高于 60℃时，过硫酸盐是非常活泼的。71.1℃时 6kg/m³ 过硫酸铵胶囊破胶剂和 79.4℃时 1kg/m³ 胶囊破胶剂，破胶后黏度降低幅度相同，但它们的使用温度均高于 60℃。另一种是包外壳法，使水介质扩散到包含破胶剂壳的核心。然后，破胶剂被溶解到液体并扩散。再者是在裂缝闭合处破裂，应力显著增加，使胶囊颗粒破裂，随后释放出破胶剂[35]。

七、阻垢防垢剂

高含水这个问题已经出现在我国的主要油田和油区的原油开采中，而随着油田采出液中水分的比例增加，地面结垢现象也在油田中变得日益严重。例如，长庆油田、大庆油田、海上油田等各大油田普遍存在这种结垢现象。随着油田采出液含水量的上升，注水时间增长，同时机械杂质、硫化物、细菌含量变高，不同地层及注入水配伍性差等一系列问题，导致地面系统的结垢现象日益突出，而结垢造成了油井被堵、产液量下降，阻碍了正常原油生产工作。在管道结垢之后，管道的直径减小、管道的横截面积减小，这导致压力增加、管道的排放量减小和管道堵塞。此外，它还会导致管道局部腐蚀，从而导致频繁的管道泄漏、穿孔，甚至可能导致破坏性事故。因此，要确保油田稳定增产，并考虑合理有效地预防和清除结垢便是目前各大油田需要解决的一项问题。

结垢这一问题在影响油气田正常生产的同时，还带来了经济损失，这给油田的安全生产造成了巨大的隐患。因此，结垢处理非常重要，不仅可以节省管道腐蚀的设备成本，还可以提高管道的利用效率，延长井的生产寿命。在此阶段，主要油田通常针对结垢问题采取防腐和防垢措施，这不仅是在中后期开发高含水量区块采集和运输系统的要求，而且也保持了正常的生产和油田开采，这也是提高开发总体效益的重要途径。因此，当务之急确保原油生产就需要针对油田这一问题进行实用的清洁技术来处理管道结垢。

通过观察油田生产作业发现，结垢问题对油气田生产主要造成以下影响：一是会造成其所在通道的畅通问题；二是会因为通道内结垢对通道内部的物质产生腐蚀。具体表现为以下几个方面：在设备的通道内部，物质流经的地方和管路中的流体发生反应，形成结垢现象，从而造成管道阻塞和腐蚀问题；结垢问题出现在管路内时，会使得管道部分地方堵塞，从而影响管道的物质流经横截面积缩小，在相同时间内的产量下降，导致成本提升；当储层和油气输送通道中发生结垢和堵塞时，不仅降低了井的生产率，而且还增加了抽油机和生产设备的能耗，并造成了储层和井的寿命缩短。化学结垢通常会导致生产损失或设备报废，与此同时，沉积物堵塞管道、井眼、相关阀门、射孔泵和井下泵，并且地面管道和设备的运行受到限制；配伍适配性也存在结垢问题，外来的流体和储层的流体不相配伍时，就会产生各种盐类物质，从而堵塞注水的相关系统。紧接着再对注水压力进行调升等操作，使得其在采油注水过程中的效果受到影响。当管道或井筒等已经发生严重腐蚀、地层也有所堵塞时，同时伴随着相关系统内部的压力增加，会导致井筒爆裂、管道断裂等危险的结果。

在油田生产中水垢是难以避免的问题，其中常见的垢有碳酸镁、碳酸钙、硫酸钙、硫酸钡、硫酸锶等，同时也有腐蚀的产物碳酸铁、硫化亚铁、氢氧化亚铁、氧化铁等，在特定的环境和反应条件之下析出产物，例如个别的氯化物也包含在其中。而这些物质也分布在不同的部位，这是由于产生条件不同所造成的，也就伴随着造成不一样的影响。井下泵体、钻井工具、套管、抽油管、油井、注水井井口集输管汇、油气水分离器、地下钻井和生产设施的输油管道周围的地层、地表油气集输管线、储运设备注水系统管线、水套炉、加热炉盘管和输油管线、混合加热流体的管线、多井计量装置等均会受到不同程度的影响。当结垢条件（如物理、化学、势能动力学和流体力学）成熟时，便可以出现结垢现象。在油田生产中，最容易结垢的地方，同时也是最容易发生堵塞、卡死以及腐蚀和损坏设备的地方。一般通过水垢形成机理，不难判断易于结垢的部分，例如，横截面突然变化、形状突然变化、内表面粗糙、地面破裂或管道弯曲处。

国内外许多油田已然进行着注水采油，也是因为注水采油的影响，这导致注水井、采油井和相关生产设备的规模不同。在油田注水过程中，注水的水质随着开采的不断进行而逐渐恶化，硫酸盐还原菌的数量增加，并引起井下管柱的腐蚀和结垢问题。据统计，结垢这一问题存在于许多油田中，无论是国内中国石油的长庆油田、大庆油田、新疆油田，还是中国石化的胜利油田等油田，油田结垢的问题都十分严重；在国外，南得克萨斯油田、布内拉斯加油田、新墨西哥州油田、得克萨斯的 Foster 油田、路易斯安那州的油田、巴什基尔地区的 Chekmangoushneft 和 Yuarlanneft 油田、曼格什拉克地区的乌晋和热提拜油田、阿尔及利亚油田、阿拉伯湾迪拜的 Fateh 油田、印度尼西亚的南苏门答腊油田、沙特阿拉伯油田、埃及的 Morgan 油田、伊利诺伊州 Marion 县的油田、堪萨斯州的油田、加利福尼亚州的长滩油田、俄克拉何马州的 Burbank 和 Drumright 油田、路易斯安那州和得克萨斯州的墨西哥湾岸区油田等都普遍存在不同程度的结垢现象，以碳酸钙垢和硫酸钙垢最为常见[36-37]。

由此可见，国内外油田开采过程中都存在着不同程度的结垢问题，结垢这一现象不仅增加了油田原油产出阻力，增加了能耗，同时也会使得采油生产设备造成很大程度的损伤，甚至腐蚀损坏，要是发生在生产层位，还有可能造成油气层伤害，影响原油产量，严重时会造成设备报废、关井等一系列经济损失。油田常用防垢方法及机理见表 3-8。

表 3-8 油田常用防垢方法及机理

阻 / 防垢方法		阻 / 防垢机理
物理方法	电磁防垢	包括永磁场阻垢、静电磁场阻垢和变频电场阻垢。分别通过引起晶格畸变、包围溶解盐的离子及能量抵消后带有相同电荷的方式而起到阻垢效果
	声波防垢	对于高矿化度、易结垢的水，在经声波处理后，由于声波的不断振荡作用，因而不易在管壁及井下设备上沉积而结垢，由此起到防垢的作用
化学方法	阻垢剂防垢	目前主要的防垢机理有螯合增溶作用、闭值效应和晶格畸变作用等
	聚四氟乙烯涂层防垢	聚四氟乙烯表面能很低，黏着力较弱。因此，粒子沉降形成的垢层结合力较弱，在水流切力作用下，垢盐晶粒又分散在水中，阻止垢盐晶粒在其表面吸附、积累，从而阻止垢层的形成
工艺方法	分开不配伍的水	尽可能避免不相容水的混合
	消除成垢盐类过饱和的条件	影响结垢的因素有温度、压力、水中的含盐量、pH 值、成垢离子的浓度，以及水的流动状态、管线形状等
	脱气处理	进行脱气处理

近年来，研发了树枝状聚合物，这些聚合物高度支化了三维结构，其中一些被认为是对环境友好的防垢剂。

连续注射、分批处理和挤压处理是在油井处理中应用的 3 种主要阻垢方法。挤压处理是石油和天然气工业中的主要方法。阻垢剂必须连续存在，通常使用加药泵对处理后的注入水进行连续注射和挤压处理来实现，在挤压处理过程中，阻垢剂通常会被吸附到储罐或油管上。然后，在注水系进行回注时的回流过程中，黏附的阻垢剂再以较低浓度稀释到水中。

将化学抑制剂连续注入注入井是防止石油生产井结垢的一种方法，该方法通过井下注入点连续注入水垢抑制剂的水溶液，在湍流点加入防垢剂以实现均匀混合，在添加过程中，防垢剂应保持恒定受控的速率，密切监测抑制水垢形成所需的特定抑制剂浓度，从而可以非常有效地使用化学抑制剂。

分批处理一般是在需要定期添加大量的阻垢剂并长时间使用时会被采用，处理时大量的阻垢剂被泵入顶部的油管，然后抑制剂与油井中的流体一起被排到油管的底部。

向结垢处输送阻垢剂混合溶液最常用的方法是挤压处理，这通常是对储层进行阻垢处理的最佳选择。在挤压处理时，将浓度为 2.5%～20% 的防垢剂溶液压入地层及预冲后的生产井，挤压过程通常包括用水冲洗处理过的区域，这使化学物质更深地进入地层，从而进一步保留在干净的岩石上。过冲阶段之后是关闭阶段，该阶段是一个浸泡阶段，可以使化学品以较高的浓度保留，过冲和关闭后恢复了油井的生产，并且在采出水中夹带了抑制剂阻止垢的形成，从而保护了生产井眼和井下设备。常见阻 / 防垢技术优缺点见表 3-9。

表 3-9　常见阻 / 防垢技术优缺点

方式	优点	缺点
挤压处理（吸附和沉淀挤压）	在碳酸盐岩储层中更有效，如果注入的是含有膦酸酯类抑制剂，效果很好，注入后有效阻垢时长可达到 24 个月以上	对非碳酸盐岩储层无效，不是强力浸出抑制剂的最佳选择，处理期间停止生产可能导致地层伤害，耗时，涉及多个步骤
连续注射	降低了化学成本和人工需求，对非碳酸盐岩油藏更有效，对强浸出抑制剂特别是聚酯基抑制剂更有效，最大限度地减少了停产时间，减少了时间消耗。可以与其他药剂结合使用，如缓蚀剂、发泡剂和清洁剂等	成本相对较高，在岩石基质上有相当多的抑制剂滞留，对井间距离敏感，即仅在井间距离相对较短的情况下才有效
分批处理	相对有效	注入期间需停止生产

注入阻垢剂是油田常用的经济高效的阻垢方式，阻垢剂种类繁多，究竟何种阻垢剂对油田注水系统阻垢效果最佳，需进行性能评价。如何确定所选用的阻垢剂是适合所需工艺的最佳阻垢剂成为备受关注的课题，接下来介绍几种常用的阻垢剂评价方法。

（1）碳酸钙沉积法。

碳酸钙沉积法，是将具有一定量的碳酸根离子和钙离子的混合溶液与油田用阻垢剂溶液按一定浓度配制出适宜浓度的混合溶液，然后将混合溶液在一定条件下进行加热处理，使得碳酸氢钙在可控制范围内更快地分解成碳酸钙。在经过一定时间或离子达到平衡后通过一些方式测定试液中的钙离子浓度，测得的留于水中的钙离子浓度越高，此种阻垢剂的阻垢性能越好。这种方法是国内外目前使用最为广泛的阻垢剂性能测定方式。

（2）鼓泡法。

鼓泡法是建立在碳酸钙沉积实验的基础上的。实验过程中，首先将具有一定含量的碳酸根离子和钙离子的混合溶液与油田用阻垢剂溶液按一定浓度配制出适合观察研究的混合溶液，然后升高温度使温度最后到达恒温的条件下，向其中鼓入适量的气体（通常是 CO_2 气体），促使碳酸氢钙迅速分解为碳酸钙固体。最后测定稳定后溶液中钙离子的浓度，所测得的钙离子浓度越高，说明此阻垢剂的阻垢性能越好。采用这种方法的好处在于通入气体可以让溶液更早地达到稳定状态下的 pH 值，酸碱度稳定状态下能够更加准确高效地得出性能结论。

（3）动态结垢评价。

上述两种实验通常是在静态下进行的阻垢剂性能评价实验，在很多情况下具有一定的局限性，如无法直观地观察到注入水在地层确定的压力下会产生何种结果、流速对阻垢剂效果的影响等。而动态结垢方式可以更好地解决这一问题，该方法能够模拟现场的温度、压力、流速等情况，从而更容易了解水质并观测结垢情况。此外，目前又研究出通过电导率和放射性示踪剂方法对阻垢剂进行性能评价。

八、缓蚀剂

添加于腐蚀介质中能明显降低金属腐蚀速率的物质称为缓蚀剂，它是目前油井酸化防腐蚀的主要手段，其费用占酸化总成本比例较大。高温深井采用高浓度酸施工或较长时间的酸化施工都可能对设备和管线产生严重的腐蚀。钢材经高浓度的酸液腐蚀后容易变脆，同时被酸溶蚀的金属铁成为离子，在一定条件下还会对地层造成伤害。

酸液对金属铁的腐蚀属于电化学腐蚀。由于铁的标准电极电位较氢的标准电极电位负得多，H^+ 会自动地在金属铁表面获取电子还原成 H_2 逸出，这就构成了原电池，使铁不断地氧化成铁离子而进入溶液。制造油管的钢材含有杂质，导致腐蚀更为加剧。其反应如下：

阳极反应（氧化）：

$$Fe \longrightarrow Fe^{2+} + 2e^-$$

阴极反应（还原）：

$$2H^+ + 2e^- \longrightarrow H_2 \uparrow$$

总反应：

$$Fe + 2H^+ \longrightarrow Fe^{2+} + H_2 \uparrow$$

有氧存在时，部分铁以 Fe^{3+} 的形式进入酸液中，并得以稳定。按缓蚀机理，缓蚀剂可分为阳极型和阴极型。阳极型缓蚀剂的作用机理是通过缓蚀剂与金属表面共用电子对，由此而建立的化学键能中止该区域金属的氧化反应。基于这个机理，缓蚀剂的极性基团的中心原子应具有孤对电子，如极性基团中含有 O、S、N 等原子。阴极型缓蚀剂主要通过静电引力作用，使其吸附在阴极区上，形成一层保护膜，避免酸液对金属的腐蚀。多数缓蚀剂兼有上述两种作用，通过控制电池的正负极反应达到缓蚀目的。还有一类有机缓蚀剂，通过成膜作用隔离或减少酸液与金属的接触面积而抑制腐蚀。良好的有机缓蚀剂应具有一定的分子量，以达到吸附的稳定性和膜的强度。

鉴于对人体的毒害，以往曾广泛使用的砷化合物缓蚀剂，如亚砷酸钠、三氯化砷等无机缓蚀剂，尽管它们在高温（260℃）下仍具有良好的缓蚀性能且价格低廉，但目前已不再使用。

1. 缓蚀剂类型

由于大多数缓蚀剂为强阳离子物质，使用不当会使油藏的润湿性改变，从而产生新的伤害，因此在足够的缓蚀性能条件下，不要过多使用。砂岩酸化时，应避免含有缓蚀剂的酸液进行重复酸化。目前，大量使用的有机物缓蚀剂可分为以下几种类型。

（1）醛类缓蚀剂。

醛类缓蚀剂主要使用的是甲醛。由于醛类具有极性基团—CHO，其中心原子 O 有两对孤对电子，它与 Fe 的 d 电子轨道形成配位键而吸附在金属表面，从而抑制了金属的腐蚀，如图 3-16 所示。

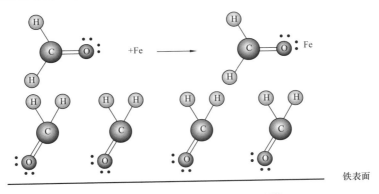

图 3-16　甲醛在铁表面的吸附

此外，甲醛在酸中能形成 $\overset{H\quad H}{\underset{\overset{\|}{\underset{\ddot{O}:H^+}{C}}}{}}$ ，可以保护钢铁的阴极，使钢铁表面局部带正电而排斥 H^+。

（2）含硫类缓蚀剂。

含硫类缓蚀剂包括硫醇（R—SH，R=C_{12}—C_{18}）、硫脲（如邻二甲苯硫脲）和硫醚。

硫醚（$\begin{smallmatrix}R_1\\ \diagdown\\ S\\ \diagup\\ R_2\end{smallmatrix}$）在酸介质中有如下反应：

$$\begin{matrix}R_1\\ \diagdown\\ S\\ \diagup\\ R_2\end{matrix} \xrightarrow{H^+} \left[\begin{matrix}R_1\\ \diagdown\\ SH\\ \diagup\\ R_2\end{matrix}\right]^+$$

反应产物能在阴极上形成保护膜。R_1 或 R_2 含有不饱和键或短支链，则吸附和屏蔽效应更好。

（3）含氧类缓蚀剂（如聚醚）。

含氧类缓蚀剂的非极性基定向排列成为疏水膜保护层。膜的强度与碳链长度有关，膜厚而致密则屏蔽效应好，但随着碳链的增长，它在水中或酸中溶解性降低。

（4）磺酸盐缓蚀剂。

烷基磺酸钠：R–SO_3Na，R=C_{12}—C_{18}。

烷基苯磺酸钠：R—⬡—SO_3Na，R=C_8—C_{14}。

（5）胺类缓蚀剂。

胺类化合物的氮原子有自由电子对，使其具有亲核性。例如，烷基胺在盐酸中有如下反应：

$$R\ddot{N}H_2 + HCl \longrightarrow \left[\begin{matrix}H\\ RNH_2\end{matrix}\right]^+ Cl^-$$

烷基胺作缓蚀剂，R 通常为 C_{12}—C_{18}。

（6）吡啶类缓蚀剂。

吡啶类缓蚀剂是目前国内外广泛使用的酸液缓蚀剂。我国各油田常用的7701 缓蚀剂、7623 缓蚀剂和 7461–102 缓蚀剂都是吡啶类缓蚀剂。例如，7701缓蚀剂主要成分为氯化苄基吡啶，是由制药厂的吡啶釜渣在乙醇等试剂中与氯化苄反应制得的。

$$R—⬡N + Cl—CH_2—⬡ \longrightarrow \left[⬡—CH_2—N⬡—R\right]^+ Cl^-$$

如果用喹啉替换吡啶，就可得到类似的缓蚀剂氯化苄基喹啉季铵盐。

$$\left[\begin{array}{c} \text{CH}_2-\text{N} \\ \end{array}\text{R}\right]^+ \text{Cl}^-$$

常用配方为：1.0%（质量分数）7701+0.5%（质量分数）乌洛托品，可以在 90～190℃下 15%～28%（质量分数）盐酸中使用。

美国的 W.W.Frenier 等对吡啶类缓蚀剂的作用机理进行了详细的研究。他们在室内以 20%（质量分数）异丙醇为溶剂，1−溴基十二烷和吡啶在其中回流 6h，溴化物滴定结果表明反应程度大于 98%，得到产物溴化十二烷基吡啶：

$$\left[\begin{array}{c} \text{N} \\ \text{C}_{12}\text{H}_{25} \end{array}\right]^+ \text{Br}^-$$

通过电化学方法测定 HCl 在 J−55 钢片的腐蚀速率，以及金属铁在不同温度下溶解在不同浓度（质量分数 1%～20%）盐酸中详细的动力学研究认为，金属铁在极性水分子的作用下，表面可以形成水膜——$Fe \cdot [H_2O]$。缺氧时，钢在无缓蚀剂的盐酸中受到 Cl^- 的活化作用。其腐蚀机理表达如下：

$$Fe \cdot [H_2O] + Cl^- \longrightarrow Fe[Cl^-][H_2O]$$

与 H_2O 相比，H_3O^+ 更容易与 Cl^- 通过静电结合，因此：

$$Fe[Cl^-][H_2O] + H_3O^+ \longrightarrow Fe[Cl^-][H_3O^+] + H_2O$$

$$2Fe[Cl^-][H_3O^+] \longrightarrow Fe^{2+} + Cl^- + H_2 \uparrow + H_2O + Fe[Cl^-][H_2O]$$

缓蚀剂吡啶盐通过季铵阳离子可以比 H_3O^+ 优先吸附在 $Fe[Cl^-][H_2O]$ 表面：

$$Fe[Cl^-][H_2O] + \left[\begin{array}{c} \text{N} \\ \text{C}_{12}\text{H}_{25} \end{array}\right]^+ \text{Br}^- \longrightarrow Fe[Cl^-]\left[\begin{array}{c} \text{N} \\ \text{C}_{12}\text{H}_{25} \end{array}\right]^+ \text{Br}^- + H_2O$$

由于缓蚀剂是依靠静电吸附在钢片表面上，这种吸附并不是很牢固，故吡啶盐对温度的变化较敏感。溴化十二烷基吡啶缓蚀剂在 50～70℃内可获得最佳效果。但在高温或低温下缓蚀效果下降，如图 3-17 所示。

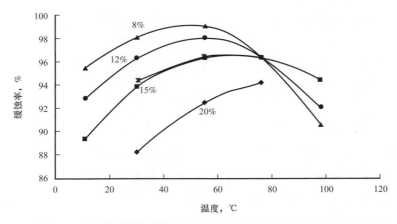

图 3-17　不同酸浓度中温度对吡啶缓蚀剂效果的影响

如果采用乙烯基吡啶或其他乙烯基杂环化合物等单体进行聚合，产物对金属表面可产生多点吸附，增加膜强度，提高缓蚀效率。

（7）炔醇类缓蚀剂。

与吡啶类缓蚀剂一样，炔醇类缓蚀剂是应用最为广泛的另一类有机缓蚀剂。它性能稳定，尤其适用于高温。国内外常用的炔醇类缓蚀剂有乙炔醇、丁炔二醇、丙炔醇、己炔醇、辛炔醇以及由炔醇同胺类、醛（酮）类合成的多元化合物。其中，乙炔醇、丙炔醇及其衍生物最常用，如美国的 A-130、A-170，我国的 7801 等。

炔醇类缓蚀剂常与胺类缓蚀剂及碘化钾、碘化亚铜复配使用，适用温度 200～260℃。炔醇类缓蚀剂的作用机理被认为是炔烃通过 π 键与金属铁表面形成络合薄膜，从而防止了酸的侵蚀。用红外光谱分析了辛炔醇在钢表面上形成的薄膜之后发现，被吸附的炔醇在酸介质中与钢铁表面首先在炔键处加氢形成烯醇，然后脱水生成共轭二烯，共轭二烯能发生聚合反应生成低聚体膜：

$$CH_3(CH_2)_4-CH-C\equiv CH \xrightarrow[H^+]{Fe} CH_3(CH_2)_4-CH-CH=CH_2 \longrightarrow$$
（上标：OH，OH）
（烯醇）

$$CH_3(CH_2)_3CH=CH-CH=CH_2 \longrightarrow 低聚体$$

存在于钢表面上的低聚体膜是类似于煤油脂一样的黏稠状物质，其中也存在有未作用的辛炔醇。由于聚合成膜作用，辛炔醇牢固吸附于钢铁表面，甚至高温和浓盐酸都很难破坏吸附膜。从图 3-18 中可以看出，随着温度增加，辛炔醇缓蚀效果更为明显，而且在浓酸中的效果更优于稀酸。

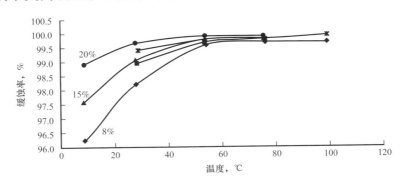

图 3-18　不同酸浓度中温度对辛炔醇缓蚀剂效果的影响

（8）曼尼希（Mannich）碱类缓蚀剂。

高温（120～210℃）、高浓度条件下，可用曼尼希碱（胺甲基化反应产物，如甲烷基酮、甲醛与二甲胺反应产物，苯乙酮、甲醛与环己胺反应产物，或苯乙酮、甲醛与松香胺的反应产物）与炔醇或曼尼希碱、炔醇与含氮化合物复配作缓蚀剂。

通常适用于盐酸的缓蚀剂同样适用于氢氟酸。对氢氟酸，含氮含硫化合物（如二苯基硫脲、二苄基亚砜、2- 巯基苯并三唑）和炔醇化合物［如 1- 氯 -3-（β 羟基 - 乙氧基）-3- 甲基 -1- 丁炔］有特别好的缓蚀作用。

2. 缓蚀增效剂、缓蚀剂与其他添加剂的配伍性

（1）缓蚀增效剂。某些添加剂的作用不同于缓蚀剂，但它们可提高有机缓蚀剂的效率，这类添加剂称为缓蚀增效剂。常用的缓蚀增效剂为碘化钾、钾化亚铜、氯化亚铜和甲酸。将这些添加剂加到含有缓蚀剂的配方中，可大幅度提高缓蚀剂的效率和使用温度。

（2）缓蚀剂与其他添加剂的配伍性。任何能改变缓蚀剂在钢表面吸附趋势的添加剂均能改变缓蚀剂的有效性。例如，因各种目的而加到酸中的表面活性剂可能形成溶解缓蚀剂的胶束。这可以降低缓蚀剂在金属表面的吸附趋势，无机盐互溶剂也能影响缓蚀剂的吸附。因此，应尽可能将那些能降低缓蚀剂性能的添加剂加到前置液和后置液中，而不应加到酸溶液中。

3. 缓蚀剂的选择

酸化时，井筒管柱肯定有金属损失，但主要问题是可允许的程度如何确定。国外大多数服务公司的允许范围是基于这一假设：在酸化过程中，如果不发生点蚀，0.785mg/cm² 的金属损失是可接受的。对于某些情况，高到 3.73mg/cm²

的金属损失也是允许的。若不能证明金属腐蚀无副作用，则应选用更有效的缓蚀剂。如果缓蚀剂的费用高到难以承受，通过谨慎的施工设计可降低缓蚀剂费用。例如，通过注入大量的前置液（水）冷却管柱是有帮助的。不用盐酸，而用有机酸或缓速酸也可降低腐蚀问题。另外，减少接触时间也可降低缓蚀要求。

由四川石油管理局天然气研究所（现中国石油西南油气田公司天然气研究院）研制的 CT1-2 和 CT1-3 酸化缓蚀剂属于酮、醛、胺缩聚反应产物与缓蚀增效剂的复配物，能在中高温、浓酸中使用，也具有在钢铁表面成膜而缓蚀的特点。

表 3-10 列举了国内部分酸化缓蚀剂的使用情况，从中可以看出，在浓酸和较高温度条件下，多数缓蚀剂都是复配后应用。

表 3-10　国内油气田酸化缓蚀剂应用

缓蚀剂配方	酸液中 HCl %（质量分数）	温度 ℃	应用效果
1.0%（质量分数）7701+0.5%（质量分数）乌洛托品	15～28	90～190	腐蚀速率 167.9g/（m²·h）（90℃，N-80 钢片）
2.5%（质量分数）7623+1.0%（质量分数）乌洛托品+3.0%（质量分数）AS	15～28	80～150	腐蚀速率 46.6g/（m²·h）（120℃，N-80 钢片）
1.2%（质量分数）7461-102+3.0%（质量分数）甲醛+3.0%（质量分数）AS	15～28	80～180	腐蚀速率 87.02g/（m²·h）（120℃，N-80 钢片）
1.2%（质量分数）1901①+1.0%（质量分数）甲醛	15～28	90 左右	腐蚀速率<80g/（m²·h）（95℃，N-80 钢片）
3.5%（质量分数）7801②	28	90～150	腐蚀速率 53.3g/（m²·h）（150℃，N-80 钢片）
1.5%（质量分数）丁炔二醇+0.3%（质量分数）KI+3.0%（质量分数）AS	15～28	80～120	缓蚀率 96%（4h）
2.0%（质量分数）甲醛+0.15%（质量分数）NaI	<15	<120	缓蚀率 96%（4h）
1.0%（质量分数）丁炔二醇+0.15%（质量分数）NaI+0.6%（质量分数）重质吡啶	28	100	缓蚀率 96.69%
3.0%（质量分数）甲醛+2.0%（质量分数）7461-102+0.3%（质量分数）NaI+0.04%（质量分数）CuCl	28	<160	缓蚀率 96.3%
2%～4%（质量分数）CT1-2③	15～28	160～190	腐蚀速率 68.71g/（m²·h）（170℃，N-80 钢片）

① 1901 是以制药厂吡啶釜渣、甲醛釜渣和甲醛为原料制成。
② 7801 由苯胺、苯乙酮、丙炔醇等为原料制成。
③ CT1-2 是酮胺缩合物，可与酸溶锑化物复配。

酸化液对设备和管线的腐蚀及缓蚀剂效果评价，目前仍采用以一次酸化作用对钢管和设备的总腐蚀量并辅以是否产生局部腐蚀的方法来判断。试验用钢材为 J-55 和 N-80，数据以 4h、6h、8h、16h 和 24h 的总腐蚀量来表示。总腐蚀量的测定分为动态实验和静态实验。动态实验是在钛钢酸化腐蚀仪中模拟施工的温度、压力及酸浓度，在动态条件下，即在高温高压釜中按 60～75r/min 速度搅拌旋转钢片或酸循环进行。按时测定挂片质量变化，或测定铁离子浓度以确定腐蚀速率。

$$腐蚀速率=\frac{m_1-m_2}{St} \tag{3-11}$$

式中　m_1、m_2——实验前后金属片质量，g；

　　　S——金属片表面积，m^2；

　　　t——腐蚀时间，h。

静态实验是在无搅拌条件下测定腐蚀速率。由于搅拌可使腐蚀速率加快，故静态腐蚀速率值要低于动态值。

如果金属在某个部位受到的腐蚀特别严重，这叫作"坑蚀"现象。缓蚀剂不应造成金属明显的"坑蚀"现象。在测定酸的腐蚀速率时应研究其影响因素，包括搅拌速度、金属类型、作用时间、温度、压力、面容比、缓蚀剂种类及浓度、酸液的类型及浓度、酸液其他添加剂（如互溶剂等）的影响。其中，酸液的类型、浓度、温度及作用时间最为重要。需要注意的是，某些缓蚀剂适用于高温，而另一些则在低温下更为有效，即使能在较大温度范围内使用的缓蚀剂也要考虑其成本是否合算，是否适用于高压。在考虑缓蚀剂配方时应注意硫化物（如 H_2S）的影响，H_2S 能引起钢材氢脆断裂，这对气井的影响尤为严重。

九、铁离子稳定剂

在油气田酸化施工中，高浓度的酸溶液在搅拌酸液和泵注过程中会溶解设备和油管表面的铁化合物，尽管加入了一定的缓蚀剂，但对管壁的腐蚀和铁垢的溶解仍不可能完全避免。酸液还可能与地层中含铁矿物和黏土矿物（如菱铁矿、赤铁矿、磁铁矿、黄铁矿和绿泥石等含铁成分）作用而使溶液中有 Fe^{3+} 和 Fe^{2+} 存在，有可能沉淀出来。

1. pH 值对铁沉淀的影响

溶解的铁以离子状态保留在酸液中，直到活性酸耗尽。当残酸的 pH 值上升并达到一定值时，将产生氢氧化铁沉淀。这将严重堵塞酸化施工新打开的流动孔道。沉淀的产生与铁离子的浓度和残酸 pH 值有关，可以根据氢氧化铁的溶度积进行计算。常温下，可以得出 $Fe(OH)_3$ 沉淀产生的 pH 值：

$$pH = 1.53 - \frac{1}{3}\lg\left[Fe^{3+}\right] \qquad (3-12)$$

当 Fe^{3+} 浓度为 0.01mol/L 时，pH=2.2，这是开始产生 $Fe(OH)_3$ 沉淀的 pH 值。一般认为，当 pH=3.2 时，Fe^{3+} 的沉淀就比较完全了。同样可以计算出 Fe^{2+} 开始成为 $Fe(OH)_2$ 沉淀的 pH 值大约为 7.7。由于残酸 pH 值不会大于 6，故酸化施工中不考虑 $Fe(OH)_2$ 沉淀。

如果地层中含有硫化氢，由于它是很强的还原剂，可以将 Fe^{3+} 的危害大大降低。

$$H_2S + 2Fe^{3+} \longrightarrow S\downarrow + 2Fe^{2+} + 2H^+$$

通常，残酸 pH 值大于 2，就需考虑加入铁稳定剂。此外，铁离子还会增强残酸乳化液的稳定性，给排酸带来困难；加剧酸渣的产生，给油层带来新的伤害。综上所述，在酸化施工中（包括酸液造成的微粒运移）引起油层渗透率降低的现象称为"酸敏"。为此，需要在酸液中加入铁稳定剂。

2. 常用的铁稳定剂

为了防止残酸中产生铁沉淀，可以采用在酸液中加入多价络合剂或还原剂的方法来避免。前者是通过稳定常数大的多价络离子与 Fe^{3+} 或 Fe^{2+} 生成极稳定的络合物；而后者使 Fe^{3+} 还原成 Fe^{2+}，以防止 $Fe(OH)_3$ 沉淀产生。除此之外，还可以在酸液中加入 pH 值控制剂来防止或减少铁沉淀的产生。

在选择络合剂时要考虑残酸中可能存在的 Fe^{3+} 量、施工后关井的时间、使用的温度范围、络合剂与钙盐发生沉淀的趋势等，以确定络合剂的种类、用量并核算成本。

控制 pH 值的方法是向酸液中加入弱酸（一般使用的是乙酸），弱酸的反应非常慢，以至于 HCl 反应完后残酸仍维持低 pH 值，低 pH 值有助于防止铁的二次沉淀。

络合剂是指在酸液中能与 Fe^{3+} 形成稳定络合物的一类化学剂。应用最多的是能与 Fe^{3+} 形成稳定五元环、六元环和七元环螯合物的螯合剂，以羟基羧酸和氨基羧酸为主。常用的络合剂由柠檬酸、乙二胺四乙酸（EDTA）、氮川三乙酸、二羟基马来酸、$\delta-$ 葡萄糖内酯以及它们的复配物。

适用于较低的井温（65℃以下）和地层中 Fe^{3+} 浓度低的条件。乙酸能与酸液中的 Fe^{3+} 生成溶于水的六乙酸铁络离子 $\left[Fe（CH_3COO）_6 \right]^{3-}$，从而抑制 $Fe（OH）_3$ 沉淀生成。由于乙酸钙溶解度较大，即使加入过量乙酸也不会出现乙酸钙沉淀。乙酸加量为酸液量的 1%～3%（体积分数）。

乳酸（$CH_3CHOHCOOH$）适用于低温（40℃以下）和低 Fe^{3+} 浓度。乳酸钙在30℃时的溶解度为79g/L，因此，过量乳酸不会产生乳酸钙沉淀。

氮川三乙酸钠盐（NTA 三钠盐）适用温度可达93℃，其钙盐溶解度（30℃）为50g/L，过量使用不会产生沉淀。

柠檬酸对 Fe^{3+} 的络合作用在93℃时仍有效。无论在酸性还是中性介质中，它与 Fe^{3+} 形成的螯合物都具有较高的稳定常数，稳定时间长。但是过量的柠檬酸与钙离子生成的沉淀具有很小的溶解度（在30℃时为2.2g/L），容易给地层带来新的伤害。因此，在施工前应对岩心中的含铁量进行分析，以免加入过量柠檬酸。常用量不超过酸液量的 0.15%（体积分数）。用乙酸36%（体积分数）、柠檬酸64%（体积分数）的混合物作为酸液络合剂，对中温井施工具有良好的效果。

乙二胺四乙酸（EDTA）在酸性介质和中性介质（即 pH 值1～7）中都是 Fe^{3+} 良好的络合剂，表观稳定常数 $\lg K$ 为8.2～14.1。在此 pH 值范围内，相同条件下，EDTA 与 Ca^{2+} 和 Mg^{2+} 络合的表观稳定常数较低，几乎不影响 EDTA 对 Fe^{3+} 的络合。

EDTA 在酸液中加量为0.2%（体积分数）左右，适用温度可达93℃。通常，只有 Fe^{3+} 含量较高或对注水井进行酸处理时才用价格昂贵的 EDTA。

研究表明，在残酸中，上述各种多价络离子对 Fe^{3+} 的络合优先于 Fe^{2+} 和 Mg^{2+}。pH 值在 1.0～5.5 范围内，Fe^{3+} 与上述络合剂形成络合物的稳定常数是 Fe^{2+}、Ca^{2+} 和 Mg^{2+} 的两倍以上。表3-11是各种络合剂在残酸中对 Fe^{3+} 的稳定效果。该实验可评价络合剂的相对效率。

表 3-11 在残酸中络合剂对 Fe^{3+} 的稳定效果

络合剂名称	络合剂用量，g/L	温度，℃	稳定的 Fe^{3+}，mg/L	时间
柠檬酸	4.19	93	1000	>48h
柠檬酸和醋酸混合物	5.99	24	10000	2d
		24	5000	7d
		66	10000	24d
	10.42	66	5000	7d
		93	10000	15min
		93	5000	30min
乳酸	7.79	24	1700	24h
		66	1700	2min
		93	1700	10min
醋酸	20.85	24	10000	24h
		66	5000	2h
		93	5000	10min
葡萄糖酸	12.34	93	1000	20min
		66	1500	20h
EDTA 四钠盐	26.96	所有温度	4300	>48h
NTA 三钠盐	5.99	<93	1000	>48h

3. 还原剂

使用还原剂是防止氢氧化铁沉淀生成的另一途径。

（1）亚硫酸。用亚硫酸作还原剂时其化学反应如下：

$$H_2SO_3+2FeCl_3+H_2O \longrightarrow H_2SO_4+2FeCl_2+2HCl$$

反应产物中有硫酸，在酸浓度降低之后，硫酸会引起细微粒的 $CaSO_4$ 沉淀。此外，还有 SO_2 气体逸出。

（2）异抗坏血酸及其钠盐。这是一种高效的铁还原剂，国内外已用作铁稳定剂。室内实验表明，异抗坏血酸比其他常用的铁稳定剂效率高得多，而且其稳定铁的性能不受温度限制，在高达 204℃下仍能作为优良的酸液铁稳定剂。在砂岩酸化中，优先选用异抗坏血酸，而不选用异抗坏血酸钠。这是因为钠盐加入土酸中会引起不溶的六氟硅酸盐沉淀。

异抗坏血酸还适合胶凝酸体系，它可抑制 Fe^{3+} 与胶凝剂的交联反应。目前，在国外异抗坏血酸被认为是最有效的铁稳定剂。美国道威尔公司的 L58 铁稳定剂即以异抗坏血酸为主要成分。

4. 各种铁离子稳定剂的性能对比

各种铁离子稳定剂的性能对比见表 3-12。

表 3-12　各种铁离子稳定剂的性能对比

铁稳定剂	优点	缺点	用量, g
柠檬酸	有效温度达 205℃	若使用柠檬酸过量（超过 1g/L），则生成柠檬酸钙沉淀	41.2
柠檬酸—醋酸	低温时十分有效	即使对于指定的量，易形成柠檬酸钙沉淀，除非残酸中的铁浓度高于 2000mg/L，温度高于 65℃后性能迅速降低	11.8（柠檬酸），20.5（醋酸）
乳酸	即使使用浓度过量，形成乳酸钙沉淀的可能性很小	温度高于 40℃后，性能较低	44.8（25℃）
醋酸	不存在形成醋酸钙沉淀的问题	仅当温度约为 65℃时才有效	102.5
葡萄糖酸	形成葡萄糖酸钙的可能性很小	仅当温度达 65℃时才有效，费用高	82.4
EDTA 四钠盐	可大量使用且不产生钙盐沉淀	与其他稳定剂相比费用高	69.7
氮川三乙酸	温度达 205℃时仍有效，比 EDTA 的溶解度大，可使用较高浓度，费用比 EDTA 低		35.3
异抗坏血酸钠	用量少，温度达 205℃时仍有效	为某种应用需增加缓蚀剂浓度，不能用于 HF 中，应使用异抗坏血酸	5.4

第四节　新型工作液技术

近年来，国内外出现了诸多新型储层改造工作液技术，比如二氧化碳压裂液以及 LPG 压裂液，研究者们在四川盆地也开展了相关的技术攻关和现场试验。

一、二氧化碳压裂液

二氧化碳压裂液根据压裂液中是否含水，分为二氧化碳泡沫压裂液和二氧化碳干法压裂液，其中二氧化碳泡沫压裂液是水基压裂液的一种，而二氧化碳干法压裂液中不含水，为液态二氧化碳加入少量增稠剂制成。

1. 二氧化碳泡沫压裂液

1）二氧化碳泡沫压裂液的配制

二氧化碳泡沫压裂液是水基压裂液的一种，最早在 20 世纪 70 年代于美国开始研究，国内直至 1999 年才开展研究。近年来，二氧化碳泡沫压裂液技术发展迅速，目前已在国内多个油田的油气井中成功应用，应用前景良好[38-40]。

二氧化碳泡沫压裂液主要由聚合物、交联剂、表面活性剂、水和二氧化碳构成。目前，常用的聚合物有羟丙基瓜尔胶、羟甲基瓜尔胶与羟甲基羟丙基瓜尔胶等，国内使用最广泛的聚合物是羟丙基瓜尔胶；选用的交联剂为酸性交联剂，主要是由于二氧化碳压裂液呈酸性（pH 值 3～4），因此最好选用适合于羟丙基瓜尔胶的酸性交联剂；压裂液中的表面活性剂主要有增大二氧化碳在水中的溶解能力以及起泡和助排的作用，通常分为阴离子、阳离子、两性离子及非离子 4 种，其中阴离子表面活性剂起泡性能好、用量少，可作为起泡剂的主剂，但也存在泡沫半衰期较短、稳泡性欠佳等不足。因此，压裂液中的表面活性剂通常复配使用，以应对复杂的地下储层及流体状况[41-42]。

二氧化碳泡沫压裂施工的地面流程如图 3-19 所示。配制瓜尔胶溶液，在混砂车内将瓜尔胶溶液与砂混匀，通过压裂泵车泵输。罐车中的二氧化碳通过管汇进入泵车，进而泵送到井口。两台泵车分别泵出液态二氧化碳和瓜尔胶溶液，通过控制流量，使二者进入混合器混合均匀。该混合液向井下注入过程中温度逐渐升高，二氧化碳开始汽化形成气液两相混合液，其中二氧化碳为气相，瓜尔胶溶液为液相。气液两相流体最终在到达目的地层之前形成二氧化碳泡沫压裂液[43-44]。

2）二氧化碳泡沫压裂液的特点

（1）滤失量低，对油气层的伤害小。二氧化碳泡沫压裂液中的用水量很少，主要以泡沫形式存在。泡沫进入近缝基质后，由于贾敏效应，气相在喉道处渗流困难。因此，大大降低了进入油气层的液体量，进而减少滤失量，减少压裂液对储层渗流通道造成的伤害。

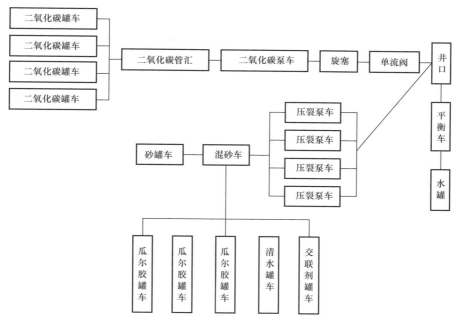

图 3-19　二氧化碳泡沫压裂施工地面流程

（2）抑制黏土膨胀，有效解堵。在储层温度和压力下，二氧化碳易溶于地层水，进而形成酸性溶液，pH 值为 3～4，是抑制黏土膨胀的最佳 pH 值，此时黏土颗粒收缩，渗流通道增大，对解堵有一定的帮助。同时，由于形成的液体酸性较低，不足以溶解钙、镁、铁等矿物成分，因此可以减少压裂过程中沉淀的产生。

（3）压裂液黏度高，压裂效果好。二氧化碳泡沫压裂液黏度高，可以有效提高砂比，携砂性和抗剪切性好，有利于深井和较大规模的压裂作业。

（4）界面张力低，返排迅速。压裂液中的起泡剂是表面活性剂，使得压裂液的界面张力是清水的 20%～30%，压裂液的前缘在多孔介质中接触油相的过程中，短时间内水相夹在气相和油相之间，降低了气水相和油水相的表（界）面张力，有利于气水相的返排和油水相的运移。同时，二氧化碳在储层中汽化后体积迅速膨胀，增大返排能量，也有助于返排效率的提高。

（5）适用于高压地层。与氮气泡沫压裂液相比，二氧化碳泡沫压裂液的液柱压力高，可以显著降低井口的压力，因此二氧化碳泡沫压裂液也适用于深层、高压地层的压裂作业。

3）二氧化碳泡沫压裂液的现场应用

目前，国外泡沫压裂液施工已非常普遍，且压裂成功率及压裂后增产效果均十分显著。20 世纪 90 年代，美国和加拿大就有 90% 的气井和 30% 的油井采用二氧化碳泡沫压裂技术，且该技术的市场份额还在不断增加。虽然国内二氧化碳泡沫压裂技术相比欧美地区起步较晚，但目前也已在矿场成功应用。长庆油田公司先后在榆林、苏里格、靖边等天然气井上开展了一系列二氧化碳泡沫压裂研究，共实施了 21 口井 23 个层位，深度为 3000～3500m，大多数井在压裂后取得了明显的增产效果。大庆油田杏南试验区的 3 口井经过二氧化碳泡沫压裂施工后也表现出良好的增产效果，经济效益可观。

四川盆地于 2020 年 6 月在盐亭 201-7-H1 井开展了第一口井的二氧化碳泡沫压裂液现场试验，压裂液由长庆井下技术作业公司提供，西南油气田公司天然气研究院开展了一系列的性能评价工作。其配方为 0.45% 羟丙基瓜尔胶 +1.0% 起泡剂 +0.5% 助排剂 +2% 氯化钾，使用酸性交联剂，交联比 100∶1.5。该井改造沙二段，垂深 2000m，地层压力系数仅为 0.47，使用二氧化碳泡沫压裂液有助于降低伤害、提高返排。但施工后的排液情况不太理想，排液 24h 后断流，排液 44m^3，占入井液量的 15.5%。

2. 二氧化碳干法压裂液

二氧化碳干法压裂液使用液态二氧化碳或添加其他化学添加剂作为压裂介质。二氧化碳干法压裂液中不含任何水，添加的化学剂主要是在二氧化碳中溶解性能好、可以增大液态二氧化碳黏度的增黏剂[45]。

1）二氧化碳干法压裂液的配制

二氧化碳干法压裂技术地面管汇如图 3-20 所示。将存有加压降温后的液态二氧化碳储罐并联，储罐中的二氧化碳保持在 -34.4℃、1.4MPa 条件下；通过二氧化碳泵车将液态二氧化碳泵入装有支撑剂的密闭混砂车中，对支撑剂进行预冷；对高压管线、井口试泵，管线试压，测试结果符合要求后，使用压裂泵车将温度为 -25～-15℃的液态二氧化碳泵入地层；地层被压开后打开密闭混砂设备注入支撑剂，之后顶替直至支撑剂完全进入地层，停泵；压裂结束后关井 90～150min；控制返排速度进行放喷返排，在最大限度利用二氧化碳能量返排的同时防止吐砂。

2）二氧化碳干法压裂液的特点

（1）对地层伤害极小。二氧化碳干法压裂液可以完全避免常规水基压裂液中的水相侵入油气层而产生的伤害，压裂液中残渣少，可以保证裂缝面和导流床的清洁[47]。

（2）返排快，排液时间短，施工成本低。地层压力释放后，二氧化碳气体膨胀，可以实现压裂液快速返排，排液时间短，施工现场不需要压裂罐，返排压裂液的收集及处理等相关维护费用都可以省去。

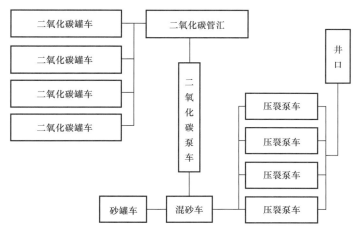

图 3-20 二氧化碳干法压裂技术地面管汇

（3）可以高效置换甲烷。二氧化碳在页岩层的吸附能力远远大于甲烷，因此可以有效替换储层中的甲烷，提高单井产量，同时可以将二氧化碳封存在地层中减少温室效应。

（4）二氧化碳流动性强。压裂过程中，二氧化碳易于流入储层中的微裂缝，从而更好地连通储层中的天然裂缝。

二氧化碳干法压裂液除具有以上优点外，还存在着一些缺点。一方面，液态二氧化碳压裂液黏度低，携砂能力差，降滤失能力低，摩阻高，不利于压裂造缝，产生的裂缝比传统水基压裂的窄，影响裂缝导流能力；同时由于黏度较低，漏失问题相对严重，因而只适合于特低渗透、超低渗透或致密储层的改造。另一方面，压裂过程中二氧化碳压裂液的相态变化复杂（图 3-21），由于压力、温度导致的相变问题难以准确预测与控制，有待实验室的进一步研究。因此，研究溶解效果好的增黏剂以提高二氧化碳压裂液黏度与研究压裂液的相态变化控制过程就变得非常重要。

3）二氧化碳干法压裂液的现场应用

二氧化碳干法压裂液国内研究基本由 2004 年开始，在长庆油田、延长油田、吉林油田开展过增产试验，目前具备作业能力的为长庆井下技术作业公司、江汉油田井下测试公司。其中，长庆井下技术作业公司 2019 年实施的双167 井单井多层二氧化碳干法加砂压裂创国内最高排量 6.0m³/min，单井加砂 45m³（图 3-22）。

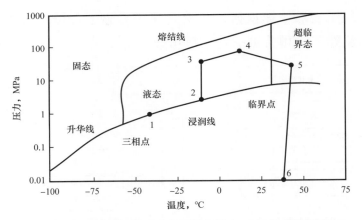

图 3-21　二氧化碳干法压裂过程中二氧化碳相态图

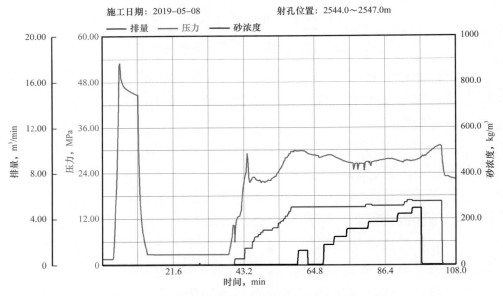

图 3-22　双 167 井干法二氧化碳压裂施工曲线

二、LPG 压裂液

1. LPG 压裂液基本原理和性能

LPG 是石油和天然气的混合物，在环境温度和中压（小于 200psi）条件下呈液态。与普通油基压裂液不同，LPG 是高纯（90%）分馏产品，因此配制的压裂液性能稳定、可靠。LPG 压裂液是 LPG 石油和天然气在适当的压力下形成并以常温液态的方式存在的混合物，其组分包括丙烷和商业丁烷。LPG 压裂液成分可控，目前 HD-5 丙烷是最常用的 LPG 压裂液原料（表 3-13），100%

HD-5 丙烷制备的 LPG 压裂液可应用到 96℃的储层，当储层温度超过 96℃后需要与商业丁烷混合使用，100% 商业丁烷制备的 LPG 压裂液可应用到 150℃的储层[47]。

表 3-13　LPG 压裂液原料成分

组分	标准的 HD-5 丙烷	典型的 HD-5 丙烷
乙烷，%		1.4
丙烷，%	≥90	96.1
丙烯，%	≤5	0.41
丁烷，%	≤2.5	1.8
硫，mg/L	≤120	0

LPG 压裂液密度是水的一半（表 3-14），$1m^3$ 液体可产生 $272m^3$ 气体，LPG 压力梯度为 5.1kPa/m，LPG 压裂液在自然条件下不稳定。

表 3-14　LPG 压裂液原料密度

液体	密度，g/cm^3
水	1.0
丁烷	0.58
丙烷	0.51

饱和曲线以上，丙烷以液态存在，曲线以下以液体蒸气存在。环境温度为 21℃，液态丙烷的最低压力为 125psi。

当用丙烷配制压裂液时，地表设备需恒压在 280psi。在 7000ft、140°F 条件下，丙烷保持液态在储存、交联、支撑剂混合和压裂时的状态曲线如图 3-23 所示。

当相应的温度和压力高于蒸气曲线时将会出现一些液体，纯蒸气将会出现在曲线以下和右侧。图 3-23 表明，当甲烷与丙烷混合后，混合物的蒸气曲线将会上升和左移，远离初始 100% 丙烷曲线，混合物在储层条件下以多相或单相存在，它也表明在更低的温度下具有清洁的性能。

基液黏度很重要，图 3-24 是典型的基液与液态丙烷、丁烷黏度对比。由图 3-24 可知，随着温度的升高，液体的黏度变小。104°F 下，水的黏度为 0.657mPa·s，液态丙烷的黏度为 0.087mPa·s，两者相比，相差一个数量级。

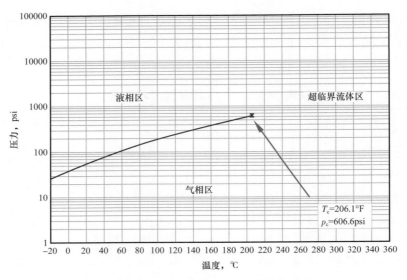

图 3-23　丙烷液体饱和蒸气曲线

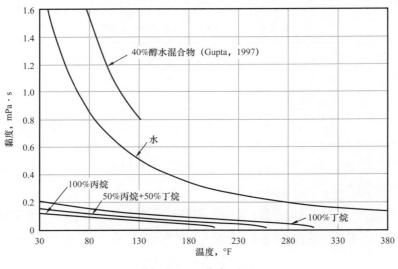

图 3-24　黏度对比

液态 LPG 的特性使其能够配制优异的压裂液，液态 LPG 在中等压力下是易获得的、经济和安全的。液态 LPG 和储层岩石、储层液体配伍，完全溶解在储层烃中，消除了水锁。液态 LPG 的黏度易获得且易控制，在合适的化学作用下，配制的压裂液就可以有效地建立裂缝，携带支撑剂的能力好，LPG 易返排，可回收再利用。LPG 处理后的裂缝清洁快且完全，LPG 和石油气混合后会蒸发，会 100% 溶于石油，可以减少对储层的伤害。低黏的 LPG 可以快速清洁，低表面张力可以消除水锁[48]。

随着添加剂比例的变化，LPG 冻胶的黏度可在 100～1000mPa·s 之间调节。大气条件下的丙烷冻胶如图 3-25 所示。

图 3-25　大气条件下的丙烷冻胶

LPG 压裂液形成的支撑裂缝长度几乎等于有效裂缝长度，压裂液对储层伤害小，渗透率恢复率达 99.99%。

在中压 100psi 下 LPG 是液态烃，在注入过程中 LPG 呈液态，性能与常规烃类压裂液相同，压裂液流变性能好。

LPG 压裂液破胶时间可以在 0.5～4h 之间调节，破胶后的压裂液黏度恢复到液态 LPG 的水平（0.1～0.2mPa·s）。150℃下，典型的破胶时间与黏度关系如图 3-26 所示。

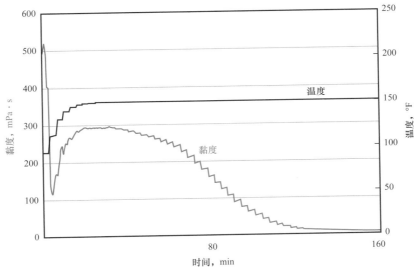

图 3-26　典型破胶曲线

LPG 压裂液主要成分包括液态 LPG 和胶凝剂，胶凝剂主链上的官能团应含有正磷酸酯多价金属化合物、烷基膦酸酯多价金属化合物、不对称二烷基多价金属化合物中的一种或几种。胶凝剂的浓度为 0.1%～2.5%（质量比），胶凝剂是烷基膦酸酯铁（铝）、正磷酸酯铁（铝）和不对称二烷基铁（铝）。

LPG 压裂液在施工过程中不同阶段使用的压裂液有所差异，通常在前置液以及顶替液阶段使用 100% 的冻胶压裂液，而在携砂液阶段使用 90% 的 LPG 冻胶压裂液和 10% 左右的挥发性液化天然气。所有的添加剂以及支撑剂都加入压裂液基液中并在密闭的混砂车内混合，挥发性流体通过高压井口注入，以保证混合流体以单相状态存在，该体系具有与油基压裂液相似的流变性、支撑剂携带能力以及降滤失能力。表 3-15 为 LPG 压裂液的适用范围。

表 3-15　LPG 压裂液适用范围

油气藏类型	油藏、致密气藏、凝析气藏
岩性	适用于所有岩性
温度，°F	60～306
压力	不限
井型	水平井

图 3-27 为 LPG 压裂工艺对比分析结果。

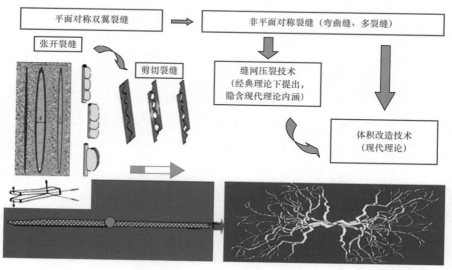

图 3-27　LPG 压裂施工过程

根据国外应用实例，在进行 LPG 压裂时 LPG 冻胶黏度范围为 100～1000mPa·s，压裂液施工规模为 20～71t/层，应用常规压裂理论，形成平面对称双翼裂缝。而长宁—威远国家级页岩气示范区使用的是低黏滑溜水体积压裂，形成网状裂缝。

LPG压裂过程与常规压裂相似，都有压裂前准备、压裂及压裂后排液。但是LPG压裂是液化石油气压裂，与常规压裂也不相同。首先，整个压裂系统是完全封闭系统；其次，压裂中支撑剂需先装入密闭容器中；再次，施工要用氮气加压保持液体状态，压裂完成后排液时也需要先用氮气排空地面管线；最后，回收的返排液也需储存于特殊的地面容器中（图3-28）。

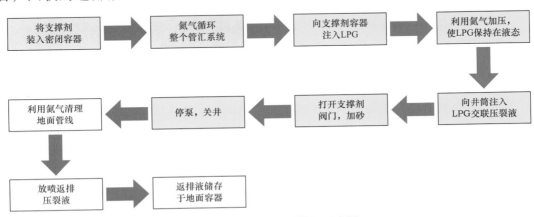

图3-28 LPG压裂施工过程

有效裂缝长度是指在油气井生产或注入过程中，对于生产或注入做出贡献的裂缝长度（图3-29）。在压裂施工过程中，压裂产生的裂缝在压力降低后并不能完全被支撑剂所支撑，对于支撑裂缝，由于水锁现象等储层伤害的发生，也仅有部分裂缝对生产井具有增产效果。由瞬时压力分析可知，利用丙烷压裂测得的有效裂缝半长比相同规模下的水力压裂得到的更长。

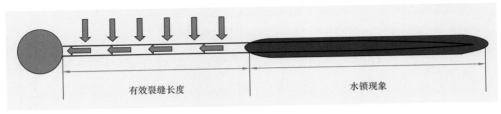

图3-29 压裂有效裂缝示意图

图3-30说明了水力压裂存在底水回流的影响。尽管一个很长的裂缝被压裂出来，但实际只有靠近井筒的20%～50%范围内能够导致石油和天然气流进井筒，这是因为远端形成了水锁。

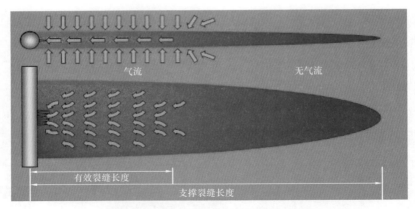

图 3-30　常规水力压裂裂缝生产效果

LPG 压裂介质经过稠化剂处理，黏度可以控制为 100～1000mPa·s，具有较好的携砂能力，并能够均匀地铺砂，铺砂结束后，压裂液汽化破胶，破胶时间可以控制在 0.5～4.0h 之间。因此，LPG 压裂可以获得较长的支撑裂缝，考虑到 LPG 压裂液较高的返排率，获得的支撑裂缝长度几乎等于有效裂缝长度（图 3-31）。

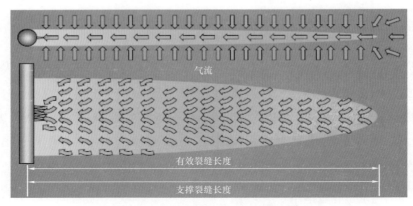

图 3-31　LPG 压裂裂缝效果

图 3-32 说明了 100% 的 LPG 冻胶压裂液的影响和效益。几乎 100% 的有效裂缝长度被压出，这有助于周围的石油和天然气的生产。与常规水力压裂技术相比，初始采油速度更高，采收率更高，收益成本比更高。

水力压裂由于使用低黏度的压裂液，需要较大的泵速以保持支撑剂颗粒的悬浮，而一旦泵注过程完成，没有了泵入速度，砂子将会沉积在压裂液离开所让出的与油层接触的部分空间。而泵入地层中的 LPG 压裂液是有一定黏度的（压裂结束后黏度降低），可以悬浮压裂砂，以保证支撑剂分布在整个产层中，将油气生产出来。

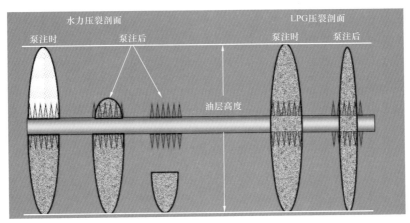

图 3-32　常规水力压裂与 LPG 压裂铺砂效果对比

　　与水力压裂不同，LPG 冻胶能与地下的油气资源自然地混合，它会和地下的油气资源一起返回到地面。另外，与水相比较，它不溶解任何地层中的盐、重金属或放射性化合物，而这些随水相返回地面的物质，属于典型的有毒混合物，所以 LPG 冻胶返排液不会带来环境污染。

　　由图 3-33 可知，使用 LPG 冻胶压裂的井，在正常开采后，半个月内注入井内的压裂液就会完全被采出来。而采用常规水力压裂技术施工的井，压裂液并不会被完全采出来，一般开采 3 年后可能也只返排 60%，从而造成地层污染，甚至对储层造成伤害。

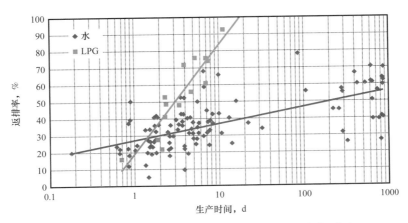

图 3-33　LPG 压裂和水力压裂携砂液返排率对比

　　LPG 压裂工艺的优势主要包括以下两点：

　　（1）LPG 压裂有利于减少环境污染，LPG 压裂液对环境的影响可以降到最低；压裂过程中不使用清洁的水；不使用灭菌剂；不会产生污染性返排液；

LPG 返排液中不含有地层的矿物、核素、盐类；返排液可重复利用；与传统压裂液相比，更少的使用量却能获得相同的有效裂缝长度；在运输方面所需人力、物力更少，施工液体更少，且不需要处理返排液；LPG 可以和天然气一起返出地面进行回收利用。

（2）LPG 来自储层，也能让储层产出更多的油气，具有可持续性。

参 考 文 献

［1］姜俊峰. 水力压裂技术在页岩气开发中的应用［J］. 中国化工贸易，2015（18）：169-169.

［2］蔡书鹏，铃木洋，菰田悦之. 非离子表面活性剂在水流中的减阻机理［J］. 实验流体力学，2011，25（6）：54-58，65.

［3］王辉. 表面活性剂减阻实验研究［D］. 哈尔滨：哈尔滨工业大学，2008.

［4］刘宽，罗平亚，丁小惠，等. 速溶型低损害疏水缔合聚合物压裂液的研究与应用［J］. 油田化学，2017，34（3）：433-437.

［5］Gramain P, Borreill J. Influence of molecular weight and molecular structure of polystyrenes on turbulent drag reduction［J］. Rheologica Acta，1978，17：303-311.

［6］Wade R H. A study of molecular parameters influencing polymer drag reduction［R］. Naval Undersea Center San Diego Calif，1975.

［7］Mumick P S, Welch P M, Salazar L C, et al. Water-soluble copolymers. 56. Structure and solvation effects of polyampholytes in drag reduction［J］. Macromolecules，1994，27（2）：323-331.

［8］McCormick C L, Hester R D, Morgan S E, et al. Water-soluble copolymers. 31. Effects of molecular parameters, solvation, and polymer associations on drag reduction performance［J］. Macromolecules，1990，23（8）：2132-2139.

［9］Abdulbari H A, Shabirin A, Abdurrahman H N. Bio-polymers for improving liquid flow in pipelines：A review and future work opportunities［J］. Journal of Industrial and Engineering Chemistry，2014，20（4）：1157-1170.

［10］Reese R R, Rey P. Method of fracturing subterranean formations utilizing emulsions comprising acrylamide copolymers：US7482310B1［P］. 2009-01-27.

［11］Gupta D V S, Kay C. Method of using polyquaterniums in well treatments：CA2641479［P］. 2010-04-22.

［12］Abad C, Robinson K, Hughes T L. Degradable friction reducer：US20090105097［P］.

2009-04-23.

［13］Bao Z，Milligan S M，et al. Monomer selection to prepare ultra high molecular weight drag reducer polymer：US9676878［P］.2017-06-13.

［14］Bao Z，Smith K W. Miniemulsion polymerization to prepare drag reducers：US9951151［P］.2018-04-24.

［15］Brostow W. Drag reduction and mechanical degradation in polymer solutions in flow［J］. Polymer，1983，24（5）：631-638.

［16］Brostow W. Drag reduction in flow：Review of applications，mechanism and prediction［J］. Journal of Industrial and Engineering Chemistry，2008，14（4）：409-416.

［17］杜凯，伊卓. 一种丙烯酰胺系三元共聚物及其制备方法和应用：CN201210265047.1［P］.2012-07-27.

［18］杜凯，张文龙. 一种丙烯酰胺系降阻剂及其制备方法和应用：CN201310265567.7［P］.2013-06-28.

［19］刘友权，陈鹏飞，金洪，等. 一种应用于页岩气藏的耐盐降阻剂：CN201310011027.6［P］.2013-01-11.

［20］马国艳，沈一丁，李楷，等. 滑溜水压裂液用聚合物减阻剂性能［J］. 精细化工，2016（33）：1295-1300.

［21］Ma G，Li X，Wang X，et al. Preparation，rheological and drag reduction properties of hydrophobically associating polyacrylamide polymer［J］. Journal of Dispersion Science and Technology，2019，40（2）：171-178.

［22］Wang L，Wang D，Shen Y，et al. Study on properties of hydrophobic associating polymer as drag reduction agent for fracturing fluid［J］. Journal of Polymer Research，2016，23（11）：235.

［23］Tian J，Mao J，Zhang W，et al. Application of a Zwitterionic hydrophobic associating polymer with High salt and heat tolerance in brine-based fracturing fluid［J］. Polymers，2019，11（12）：2005.

［24］崔强，张金功，薛涛. 疏水缔合聚合物减阻剂的合成及流变性能［J］. 精细化工，2018，35（1）：149-157.

［25］Liu Z Y，Zhou F J，Qu H Y，et al. Impact of the microstructure of polymer drag reducer on slick-water fracturing［J］. Geofluids，2017（1）：1-8.

［26］徐安国，陈缘博，王超群，等. 油田污水中硫酸盐还原菌杀菌剂的研究［J］. 当代

化工，2021，50（2）：366-369.

［27］徐安国，陈缘博，王超群.三种杀菌剂对油田污水中腐生菌的抑制作用研究［J］.中国石油和化工标准与质量，2020，40（16）：194-195.

［28］Holtsclaw J，Funkhouser G P. A crosslinkable synthetic polymer system for high-temperature hydraulic fracturing applications［C］.SPE Tight Gas Completions Conference，2009.

［29］Funkhouser G P，Norman L R. Synthetic polymer fracturing fluid for high-temperature applications［C］.International Symposium on Oilfield Chemistry，2003.

［30］Chen H，Zhao L，Xiang Y，et al. A novel Zn-TiO_2/C@ SiO_2 nanoporous material on rice husk for photocatalytic applications under visible light［J］. Desalination and Water Treatment，2016，57（21）：9660-9670.

［31］蒋官澄，许伟星，李颖颖，等.国外减阻水压裂液技术及其研究进展［J］.特种油气藏，2013，20（1）：1-6.

［32］刘洪升，曹健，张红，等.DF-07低温压裂液复合破胶体系的研究及应用［J］.河南化工，2008，25（9）：26-29.

［33］吴金桥，张宁生，吴新民，等.低温浅层油气井压裂液破胶技术研究进展［J］.西安石油大学学报（自然科学版），2003，18（6）：63-66.

［34］纪圆.致密碎屑岩压裂完井储层保护添加剂研究［D］.青岛：中国石油大学（华东），2018.

［35］张玉田.新型压裂液添加剂"胶囊破胶剂"的制备方法与研究［J］.新疆石油科技，1995，5（4）：48-57.

［36］朱倩，底国彬，林俊岭，等.华北油田$BaSO_4$阻垢剂防垢效果评价［J］.油气田地面工程，2019，38（1）：92-98，104.

［37］孙继，靳晓霞，胡兴刚.高效硫酸盐阻垢防垢剂的研制及应用［C］//第三届全国水处理化学品行业年会会议论文集，2007：87-89.

［38］丛连铸，吴庆红，赵波，等.CO_2泡沫压裂技术在煤层气开发中的应用前景［J］.中国煤层气，2004，1（2）：15-17.

［39］曾雨辰.中原油田二氧化碳压裂改造初探［J］.天然气勘探与开发，2005，28（2）：27-31.

［40］王振铎，王晓泉，卢拥军.二氧化碳泡沫压裂技术在低渗透低压气藏中的应用［J］.石油学报，2004，25（3）：66-70.

［41］高志亮，段玉秀，吴金桥，等.酸性交联CO_2泡沫压裂液起泡剂的研制及其性能研

究［J］. 钻井液与完井液，2013，30（5）：79-81.

［42］袁辉，马喜平，代磊阳，等. 泡沫压裂液常用起泡剂研究综述［J］. 化工管理，2015（9）：1-2.

［43］马健，张春龙. CO_2 压裂技术在杏南试验区的应用研究［J］. 大庆石油地质与开发，2008，27（3）：98-101.

［44］雷群，李宪文，慕立俊，等. 低压低渗砂岩气藏 CO_2 压裂工艺研究与试验［J］. 天然气工业，2005，25（4）：113-115.

［45］张强德，王培义，杨东兰. 储层无伤害压裂技术——液态 CO_2 压裂［J］. 石油钻采工艺，2002，24（4）：47-50.

［46］刘合，王峰，张劲，等. 二氧化碳干法压裂技术——应用现状与发展趋势［J］. 石油勘探与开发，2014，41（4）：466-472.

［47］许春宝，何春明. 非常规压裂液发展现状及展望［J］. 精细石油化工进展，2012，13（6）：1-5.

［48］范志坤，任韶然，张亮，等. LPG压裂工艺在超低渗储层中的应用［J］. 特种油气藏，2013，20（2）：142-145.

第四章　页岩气储层改造工作液配套技术

相比于美国页岩气储层，我国页岩气储层的非均质性较强，开发过程中普遍存在"流度比低，裂缝发育程度低，压力系数低；两向主应力差大，有效动用难度大"的技术难题。因而，对页岩气储层改造工作液技术提出了较高的要求。页岩气储层非均质性、储层类型多样化及储层物性复杂等特点给储层改造工艺、液体研选、采气配套措施等环节带来了诸多复杂技术难题。在页岩气开发的前中后期，必须保证井身的完整性、施工的易操作性，以及返排液的处理和重复使用，降低生产成本，避免环境污染。因此，基于"高效开发、稳产上产"的原则，需要尽可能地实现页岩气的规模效益开发，页岩气储层改造必须将多项复杂工艺并行实施，以降低施工难度和风险。

本章针对页岩气储层改造工作液技术应用过程中存在的多项关键技术难题，总结、凝练了国内外页岩气储层改造工作液主要配套技术，可为后续国内不同页岩气储层的有效开发提供借鉴。

第一节　现场工作液配制技术

工业中存在着大量固体物料的输送问题，为了提高劳动生产率和降低劳动强度，需要采用各种各样的输送设备来完成物料的输送任务。常用的固体输送装置有机械输送装置和气体输送系统。

一、固体物料常用输送装置

1. 机械输送装置

机械输送是指利用机械运动输送物料，常用的有带式输送机、螺旋输送机和斗式提升机。

1）带式输送机

带式输送机（图4-1）输送的物料包括粉粒体、块状、成形物、麻袋等，可水平输送，也可以倾斜输送，输送形式为固定式和移动式。带式输送机具有输送量大、动力消耗少、运转连续、工作平稳、输送距离大等优点。

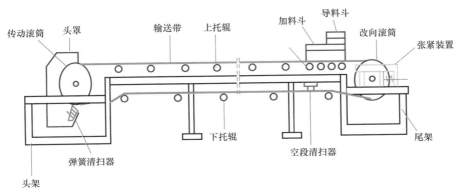

图 4-1　带式输送机示意图

常用的输送带分为橡胶带、钢带、钢丝网带和塑料带4类。橡胶带是由若干层纤维帆布作为带芯，层与层之间用橡胶加以黏合而成的，其上下两面和左右两侧还附有橡胶保护层。帆布带芯是橡胶带承受拉力的主要部分，而橡胶保护层的主要作用是防止磨损及腐蚀。一般采用多层的橡胶带。钢带由低碳钢制成，其厚度一般为 0.6~1.5mm，宽度在 650mm 以下。钢带的强度高，不易伸长，耐高温，因而常用于烘烤设备中。钢丝网带强度高，耐高温。由于有网孔，故多用于边输送边进行固液分离的场合。塑料带具有耐磨、耐酸碱、耐油、耐腐蚀等优点，现已逐渐被推广，但我国未实现系列化。

2）螺旋输送机

螺旋输送机是工农业各部门机械化运输工作的主要机组，可降低劳动强度，提高工作效率，应用范围很广，适用于建材、化工、电力、冶金、煤炭、粮食等行业，适用于水平或倾斜输送粉状、粒状和小块状物料（如煤、灰、渣、水泥、粮食等），物料温度小于200℃。螺旋输送机不适于输送易变质的、黏性大的、易结块的物料。

螺旋输送机主要由外壳和一个旋转的螺旋料槽及传动装置构成（图4-2）。当轴旋转时，物料以滑动形式沿着槽移动。

螺旋有全叶式、带式、叶片式和成型叶4种形状。由于螺旋输送机输送的推力全靠摩擦，因而能量消耗较大。这种输送机常被用于短距离的水平输送，或是倾角不大于20°情况下的输送。

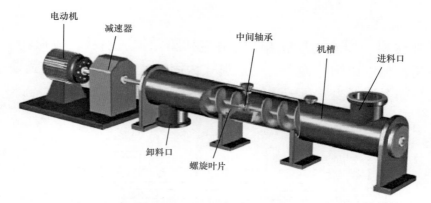

图 4-2　螺旋输送机示意图

螺旋输送机具有如下优点：

（1）高效率输送。螺旋输送机采用了新型的悬挂式中间吊轴承架，增大了物料运送空间，减少了物流阻力，加上小直径、高转速、变螺距等设计，确保了顺畅、快速、均匀送料。

（2）随意性布置。外壳采用优质无缝钢管，通过法兰将各段连接为整体，无论是水平还是大倾角均可连续输送。可直接与配套设备连接固定，无须地基基础，充分利用空间，移动、拆装十分方便。

（3）多元化连接。进、出料口可采用法兰连接、软连接、布装吊杆连接、万向接口连接等多种形式。

（4）可靠的密封。外壳管的连接处设置了防渗水装置，工艺孔也经过精心改良，避免由于雨水渗入引起管内水泥结块而造成堵料、闷机事故。

（5）无须添加油。由于采用了新颖的中间轴承材料，既能减摩、耐磨又能自润滑，即使长期使用也无须添加润滑油脂，可避免油脂与水泥混合对轴套、轴所产生的副作用。

（6）专用减速机。特定制作的专用减速机，设计先进合理，具有体积小、重量轻、扭矩大、转速快、不漏油、无噪声等优点。

但管式螺旋输送机不宜输送易变质的、黏性大的、易结块的物料，因为这些物料在输送时会黏结在螺旋上，并随之旋转而不向前移动或在吊轴承处形成物料积塞，而使螺旋机不能正常工作。LS 型螺旋输送机螺旋直径从 200mm 到 500mm，共有 5 种规格，长度从 4m 到 70m，每隔 0.5m 一挡，选型时符合标准公称长度，特殊需要可在选配环节中另行提出。

3）斗式提升机

斗式提升机主要用于垂直提升物料，适用于松散型、小颗粒物料。斗式提升机用胶带或链条做牵引件，将一个个料斗用螺钉固定在牵引件上，牵引件再由鼓轮张紧并带动运行（图 4-3）。

料斗有深斗和浅斗两种，深斗的特征是前方边缘倾斜 65°，而浅斗则倾斜 45°。斗的选择取决于物料的性质和装卸的方式，斗式提升机的装料方法有掏取式和喂入式。卸料有离心式和重力两种。

2. 气体输送系统

气体输送是利用气流作为载体，在管道中输送粉、粒状固体物料。空气（或惰性气体）的流动由输送管两端的压力差来实现，直接给输送管内的物料颗粒提供移动所需要的能量。

气体输送系统要有气源。供料装置、输送管道以及从输送空气中分离出被输送物料的分离设备等部件的合理选择和布置，可使工厂的布局和操作更为灵活。物料的流动速度可以控制和记录，因而可以设计全自动控制的气体输送系统。

图 4-3　斗式提升机示意图

气体输送技术在工业上的应用始于 19 世纪上半叶。第一次实际使用的气体输送系统是真空系统，用于输送木屑和谷物。20 世纪初则更多地使用正压系统，输送速度比较高，被输送的颗粒物料悬浮于气体中，称为稀相输送。有记载的是 H.Gasterstadt 于 1924 年公开发表的论文。他提出了空气流动及气固混合物在输送管中流动压降的理论规律。他的主要研究对象是颗粒体及谷物（如小麦）。至今，当用于具有这类特性的物料时，他提出的经验公式仍是正确的。

物料在输送管道中的流动状态实际上很复杂，主要随气流速度、气流中的物料量和物料本身特性等的不同而变化。通常，根据输送管道中气流速度的大小及物料量的多少，物料在输送管道中的流动状态可分为两大类：一类为悬浮流，物料颗粒依靠高速气流的动压而被推动；另一类为栓流，物料颗粒依靠气流的动压或静压而被推动。除此之外，气体输送系统的分类方法还有：按在输送管道中形成气流的方法，可分为吸送式和压送式；按输送压力的高低，可分为高压式和低压式；按发送装置的不同，可分为机械式和仓压式；按输送管的配置形式，可分为单管输送和双管输送，双管输送又分为内旁通道式和外旁通管式；按气源提供方式的不同，可分为连续供气和脉冲供气。

目前，常将气体输送系统分为压力式、机械式、高压式和脉冲式 4 种。

（1）压力式气体输送系统。这种系统包括普通的吸送式、压送式和吸送压送组合式 3 种。物料在负压或正压状况下的空气流中被输送。

（2）机械式气体输送系统。这种系统是在输送管线的进口，通过特殊设计的旋转供料器或像涡轮、螺旋一样的供料器，将空气和物料混合后送入混合室与空气喷嘴喷出的气流接触而被输送。这种系统要求的空气压力较高，产生密集的料流。

（3）高压式气体输送系统。这种系统中，物料加入发送装置的高压舱中，进入此舱的高压空气引起物料流动并将物料送入输送管输送，称为密相输送。工作压力越高，物料就能在更高的浓度与更长的距离下被输送。

（4）脉冲式气体输送系统。这种系统要求连续补充脉冲空气进入输送管中，以确保被输送物料流态化，并沿整个输送线路流动。

气体输送系统的优点在于与其他散状固体物料的输送设备相比，气体输送系统是小颗粒固体物料连续输送最合适的输送设备，同样也适于间断地将大量的颗粒物料从罐车、铁路车辆和货船输送至储仓，可充分利用空间。带式输送机、螺旋输送机、埋刮板输送机等输送机械实质上是朝一个方向输送，而气体输送系统可以向上、向下或围绕建筑物、大的设备及其他障碍物输送物料，其输送管可高出或避开其他装置或设备所占用的空间。所采用的各种固体物料输送泵、流量分配器以及接收器的操作非常类似于流体设备的操作，因此大多数气体输送系统很容易实现自动控制，由一个中心控制台操作。与其他散状固体物料的输送设备相比，其着火和爆炸的危险性小。一个设计比较好的气体输送系统常常是干净的，并且消除了对环境的污染。在负压输送时，任何一处的空气泄漏都是向内的，因此物料的污染就可限制到最小。

但其也有缺点，与其他散状固体物料输送设备相比，气体输送系统动力消耗较大，特别是稀相气体输送系统。

（1）适用物料受到限制。气体输送系统只能用于输送干燥、摩擦性小、有时还需要能自由流动的物料。如果成品不允许破碎，则脆性的、易于碎裂的物料不宜采用稀相气体输送。除非是特殊设计，否则易吸潮、结块的物料也不宜采用气体输送系统。易氧化的物料不宜用空气输送，但可以采用带有气体循环返回的惰性气体来代替空气。

（2）输送距离受到限制。至目前为止，气体输送系统只能用于短距离输送，一般小于 300m，对较黏的物料则更短，例如炭黑，目前只能输送 250m。

（3）物料特性如堆积密度、粒度、硬度、休止角、磨琢性等的微小变化，都能造成操作上的困难。

常见的几种典型的物料输送装置及特征如下：

离心通风机由机壳、叶轮、轴等部件组成（图4-4）。机壳呈蜗壳形，壳内气体通道和出口的截面通常为矩形，并直接与矩形截面的气体管道连接。通风机叶轮上叶片数目比较多，叶片比较短。叶片有平直、后弯、前弯几种。由于通风机的送气量比较大，用前弯叶片有利于减小叶轮及风机的直径。

图 4-4　离心通风机示意图

排气压力为 0.01～0.3MPa 的风机，称为鼓风机。鼓风机也是用来压缩和输送气体的机器，同通风机、泵一样，属于通用机械。离心鼓风机的外形与离心泵相像。鼓风机的外壳直径与宽度之比较大，叶轮上叶片的数目较多，所以能适应更大的风量；转速亦较高，所以离心鼓风机能达到较大的风压。鼓风机中还有一个固定的导轮，而这个导轮在离心泵中不一定有。单级离心鼓风机的出口表压多在 30kPa 以内，多级离心鼓风机则可达到 0.3MPa。

涡轮式空压机一般由电动机通过增速装置直接带动涡轮高速旋转，将空气吸入并使之获得较高的离心力甩向叶轮外圆周，部分动能转变为静压能，由压出管排出。从结构上来看，涡轮式空压机犹如一台多级串联的离心压缩机，通常在 10 级以下。涡轮式空压机的特点为供气量大，出口压强稳定，输出的压缩空气不含油雾。

隔膜泵又称控制泵，是执行器的主要类型，通过接收调节控制单元输出的控制信号，借助动力操作改变流体流量。隔膜泵在控制过程中的作用是接收调节器或计算机的控制信号，改变被调介质的流量，使被调参数维持在所要求的范围内，从而达到生产过程的自动化。如果把自动调节系统与人工调节过程相比较，检测单元是人的眼睛，调节控制单元是人的大脑，那么执行单元——隔膜泵就是人的手和脚。要实现对工艺过程某一参数，如温度、压力、流量、液位等的调节控制，都离不开隔膜泵。

气动隔膜泵（图4-5）常用塑料、铝合金、铸铁、不锈钢和特氟龙 5 种材

图 4-5 气动隔膜泵示意图

质。电动隔膜泵有塑料、铝合金、铸铁和不锈钢 4 种材质。隔膜泵膜片根据不同液体介质分别采用丁腈橡胶、氯丁橡胶、氟橡胶、聚四氟乙烯等安置在各种特殊场合，用来抽送各种介质以满足需要。

气动隔膜泵可以成功输送堆积密度为 $80\sim800\mathrm{kg/m}^3$ 的粉末状、轻质、干燥、易流动的粉体。广泛应用于白炭黑、粉末活性炭、纳米碳酸钙、碱式碳酸锌、活性白土、树脂粉、各种颜料、增塑剂、阻燃剂、丙烯酸树脂，也可用于精细化工、医药原料及中间体生产行业以及所有的轻质粉末输送，用途十分广泛。

二、固体降阻剂输送装置

在页岩气体积压裂现场，由于固体降阻剂溶解慢，一般采用连续混配装置配制。如不采用传统的连续混配装置，在现场需加注固体降阻剂，现场加注装置需解决以下 3 个问题：如何实现平稳的固体降阻剂的输送；如何实现固体降阻剂输送量的控制；如何实现固体降阻剂均匀分散溶解在水中。

根据这 3 个问题，对常用的固体粉末输送装置进行了对比，由表 4-1 可知，固体降阻剂粉末在现场应用中采用传统的机械输送方式不适宜，采用气动隔膜泵的输送方式较好。

表 4-1 常用的固体输送装置对比

序号	分类	特点	适用范围
1	带式输送机	可以做水平方向的运输，也可以按一定倾斜角向上或向下运输。结构简单，运行、安装、维修都很方便，节省能量，操作安全可靠	主要用来搬运箱装、袋装、散装固体物料，以及输送粉末状的、块状的或片状的颗粒物料
2	斗式提升机	能在有限的场地内连续将物料由低处垂直运至高处，所需占地面积小是其显著优点。缺点是维护、维修不易，经常需停车检修	适合输送均匀、干燥、细颗粒散装固体物料

序号	分类	特点	适用范围
3	螺旋输送机	设计简单、造价低廉，螺旋输送机输送长度受传动轴及连接轴允许转矩大小的限制	在输送块状、纤维状或黏性物料时被输送的固体物料有压结倾向
4	离心通风机	通风机的送气量大	现场应用的设备大，流量控制不方便
5	离心鼓风机	通风机的送气量大	现场应用的设备大，流量控制不方便
6	涡轮式空压机	供气量大，出口压强稳定，输出的压缩空气不含油雾	现场应用的设备大，流量控制不方便
7	气动隔膜泵	可输送堆积密度为 $80\sim800kg/m^3$ 的粉末状、轻质、干燥、易流动的粉体	设备小，现场应用方便

1. 固体降阻剂输送装置的组成

由图 4-6 可知，固体降阻剂输送装置主要包括动力提供单元、粉末输送单元和粉末快速溶解单元。通过这三部分的有机组合，可以实现固体降阻剂粉末的平稳输送和控制，同时固体降阻剂也可以均匀分散溶解在水中，实现固体降阻剂在现场的连续混配。

2. 固体降阻剂输送装置的应用

固体降阻剂加注装置平稳输送影响因素优化试验表明，固体输送装置的出入口管径大小对装置的平稳运行有重要影响。由图 4-7 可知，出口管径为 50mm 时，无法实现对降阻剂的连续输送；出口管径为 15mm、19mm 时，固体降阻剂可连续输送。

由图 4-8 可知，进口管径为 32mm、40mm 时，稳定排量基本相当；进口管径为 50mm 时，排量为 2.6kg/min。

由于空压机提供的压力仅为 0.8MPa，在泵对降阻剂输送过程中将压力调低，易造成泵动力不足，泵堵塞。因此，通过调整泵的压力控制输送量不可行。试验研究表明，不同出口管长，装置输出的量也不同。由图 4-9 可知，出口管为 8m 时，排量为 5.4kg/min；出口管长为 10m 时，排量为 3.0kg/min；出口管长为 13m 时，排量为 2.6kg/min，基本可以满足现场排量为 $13\sim20m^3/min$ 的压裂作业。

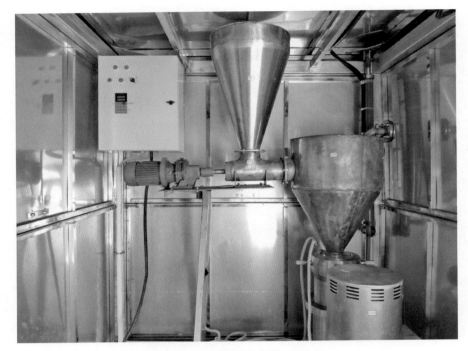

图 4-6　固体降阻剂输送装置

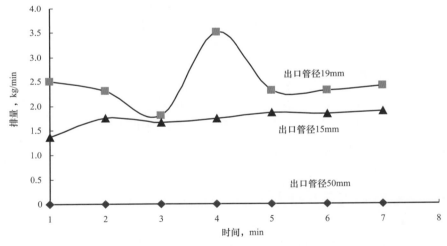

图 4-7　出口管径对排量的影响

3. 固体降阻剂输送装置溶解影响因素

固体降阻剂直接加注到水中，溶解分散性很不好（图 4-10），在装置末端安装乳化机后，降阻剂加注过程中没有鱼眼，溶解效果较好（图 4-11），可以满足现场加注的需要。

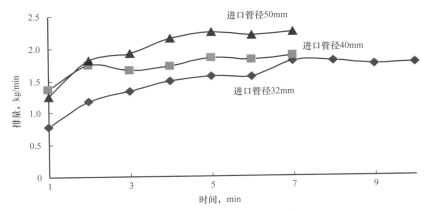

图 4-8　进口管径对排量的影响

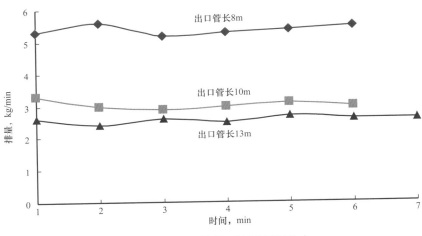

图 4-9　出口管长对排量的影响

图 4-10　固体降阻剂溶解不好的状态

图 4-11　固体降阻剂溶解好的状态

第二节 暂堵转向技术

暂堵转向压裂是指在压裂施工过程中应用化学或固体颗粒以及其他材料作为暂堵剂，使流体在地层中发生转向，在压裂中可以暂堵老缝或已加砂缝，从而造出新缝或使压裂砂在裂缝中均匀分布，主要作用有：裂缝单向延伸的控制，纵向剖面的新层启动；压裂平面上的裂缝转向。

致密砂岩储层是指地层条件下基质的气测渗透率平均值小于 0.10×10^{-3}mD、孔隙度低于 10% 的砂岩储层。致密砂岩油气分布范围广，含油饱和度高，原油性质好，油藏压力系数低，是继页岩气之后的又一热点，已成为全球能源结构的重要角色。多年的实践经验证明，致密砂岩油气资源已是中国石油天然气增储的重要领域，同时也是目前最易开发的非常规天然气。

上述典型的低压、低渗透、低产油气藏，早期的水力压裂措施受原始地应力影响较大，形成的裂缝大多数沿垂直于地层最小主应力方向延伸，并不能从根本上提高泄油面积；包括水平井分段压裂在内，段与段之间的裂缝独立起作用，裂缝间的影响较小，并不能形成实际意义上的复杂缝网，最大限度地提高储层改造体积。因此，研究一种新型转向压裂施工工艺，能够在缝内实现多级短期暂堵，并使裂缝发生转向，形成另一种意义上的复杂缝网，最大限度地沟通泄油面积，这对于开发这类低渗透油气藏有非常重要的意义。

一、机械转向技术

机械工具转向技术是有效的分流转向技术，同时也被称为外部转向（通常转向发生在井筒内），其通过封隔或堵塞某些层段或射孔孔眼，以此来控制进液点数量来达到转向的目的。流体转向只能在井筒内部发生，当流体进入储层时，流体就会失去转向能力。

封隔器分隔转向酸化技术通常被认为是最可靠的转向手段，它可以使酸液注入有限的处理层段，同时还可以酸化改造多个层段。但由于需要多次坐封以及上提管柱等复杂操作，使得施工周期长，且使用成本较高。施工完成后，对封隔器和桥塞的回收会造成储层伤害。如果固井质量不好，酸液有可能沿着固井水泥和地层接触面流动，而使得机械封隔没能达到较好的转向效果。

堵球（钢球）转向技术最早出现于 1956 年，它是机械转向技术的一种。此技术采用比射孔孔眼稍大的球（一般为射孔孔眼直径的 1.25 倍），酸化施工时，将封堵球加入处理液中，随着液体将被带至射孔孔眼部位，封堵孔眼。现场大量实例说明，必须要有足够排量才能保证堵球成功坐封，其封堵有效性也受孔眼圆度及光滑度的限制，而且在射孔数量较大的井中堵球是无效的。

最大压差及注入速率转向技术（Mapdir）是由 Paccaloni 和 Coworkers 提出的。严格来说，Mapdir 不是一种专门的转向技术，由于其在增加低渗透层流速的同时，也增加了高渗透层的流速，因此，它不能调整天然流动剖面，也不能有效分配酸液。该方法的核心是在保证低于地层破裂压力、防止地层破裂的条件下，以最大速率注酸，提升注入压力到最大。该理论的关键是注入速率。总体来说，大多数酸化施工借用了 Mapdir 技术的思想，但不是单独使用，而是与其他转向技术联合使用。

20 世纪 60 年代初，连续油管技术就已出现并应用在石油工业，迄今为止，已有半个世纪的发展历史。目前，连续油管作业已涉及钻井、完井等多个领域。连续油管技术虽然是一种比较推崇的水平井布酸技术，但由于管径较小，导致施工摩阻高，从而使得注入排量受到限制。目前，直径为 38.10mm 的连续油管国内应用较多，最大注入速率为 0.33m³/min。连续油管均匀布酸技术仍将是长井段水平井均匀布酸的主流技术之一，如果能进一步提高其使用深度，将能获得更加广泛的应用。

二、化学转向技术

化学转向技术被称为内部转向（通常转向发生在地层内），它主要是通过增加流体流过该区域的流动阻力来达到转向的目的。

致密砂岩储层孔喉半径小，排驱压力大，容易受到压裂液伤害。其中，压裂液残渣对微裂缝、支撑缝的堵塞是主要因素。低伤害压裂液具有表面张力和毛细管力低、防膨率高的特点。选用低伤害的压裂材料，可有效降低储层伤害，形成具有高导流能力的人工裂缝。致密砂岩储层物性较差，无论是直井还是水平井基本无自然产能，根据储层地质特征对水平井进行分段压裂改造，可获得更大的渗流面积、更高的产能。与直井相比，水平井具有井身结构复杂、水平段较长等特点，水平井压裂难度更大。

水平井分段压裂工艺主要有限流分段、套管滑套分段、液体胶塞分段、水力喷射分段、连续油管分段、机械桥塞分段、机械桥塞＋封隔器压裂等。水平井分段压裂的关键技术是裂缝优化、产能预测、分段压裂工艺及压裂裂缝监测技术等。有些致密砂岩气藏纵向上具有多个产气层段，如四川盆地川西侏罗系气藏从上到下发育了蓬莱镇组、遂宁组和沙溪庙组；大牛地气田自上而下发育上古生界石盒子组、山西组和太原组。采用多层分段压裂可减少投入，提高经济效益。早期的多层压裂主要采用合压、桥塞、投球、限流等方式，后期主要为不动管柱投球滑套封隔器分层压裂，连续油管拖动分层压裂、套管滑套分段压裂也有应用。

在低压气藏中，常规压裂存在返排速度慢、返排率低、滤失量大等问题；在水敏性强的气藏中，常规压裂液容易造成储层水敏伤害，常规压裂液中的聚合物残渣也会对支持裂缝造成伤害。针对以上问题，形成了泡沫压裂液和压裂工艺，泡沫压裂中不稳定泡沫体系为分散相，压裂基液为连续相，加入添加剂后具有滤失量少、质量轻及携砂能力强等优点。

由于化学结垢和沉积、微粒运移和裂缝闭合导致原有裂缝失效，采用重复压裂技术可有效恢复压裂井产能，重复压裂主要有继续延伸老缝、层内压新缝和转向压裂多种方式。对致密砂岩气藏而言，选井选层是重复压裂的关键技术，重复压裂选井选层应综合考虑储层的物性特征和气井的生产动态，结合气藏原始地应力场分析，建立气井重复压裂地应力分析方法，达到沟通未动用储量的目标。

缝内暂堵转向压裂是指在压裂施工中，一次或多次投放粉末暂堵剂，利用暂堵剂的临时封堵作用提升缝内净压力，促使次生裂缝及微裂缝的开启和延伸（图4-12），形成复杂的立体裂缝网络，更大程度地增加单井改造体积，动用更多的油气层。

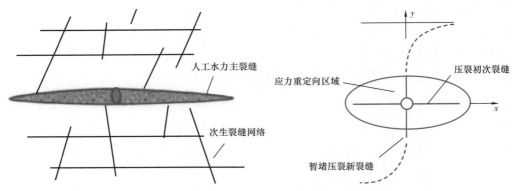

图4-12　次生裂缝及微裂缝的开启和延伸

根据岩石力学、水力压裂学理论，水力压裂裂缝的方向主要取决于储层地应力状态，人工裂缝总是沿最大主应力方向延伸，暂堵压裂新裂缝的转向，与原始地应力状态的变化有着重要关系。大量研究表明，油气井压裂产生的人工裂缝、油气井的生产、温度场变化等都会产生诱导应力场，对原始地应力场产生影响，导致储层应力场发生变化，为新裂缝的转向提供了可能。

最早的化学颗粒转向技术是使用酸类溶液与 $CaCO_3$ 反应裂解生成的颗粒作为分流剂，由哈里伯顿公司在 1936 年提出，并申请专利。但因其沉淀可能引起永久性的储层伤害，很快被淘汰。这之后出现的洋槐豆橡胶、$CaSO_4$ 也因具有同样的缺陷，而无法广泛使用。化学颗粒转向主要是通过微粒在高渗透层以及内孔壁面形成低渗透的滤饼，造成附加流动阻力，从而迫使流体发生转向。颗粒转向的关键是选用与储层条件相匹配的颗粒转向剂，这就必须对井身结构、储层岩石的颗粒大小以及孔隙大小有全面的了解。此外，颗粒转向剂在液体中的浓度同样对转向效果有很大的影响。目前，分流剂有多种类型。最常用的是颗粒状，其对于没有裂缝和大孔隙的储层较为合适；但对于天然裂缝和孔洞发育的储层来说，暂堵转向效果并不理想。

泡沫作为酸化作业的转向剂使用至少出现在 20 世纪 60 年代。专家发现一些泡沫能在水环境中保持稳定，在油环境中破裂，将其应用于油井作业中进行转向。近些年来，目标含油层充分利用这种现象与含水层分离，在最坏的情况下取得了较好的酸化效果。酸液中加入气体和表面活性剂后产生泡沫，气泡优先进入水淹程度较高的相对高渗透层，形成稳定的乳状液，由此造成必要的压差，而含油饱和度较高的相对低渗透层中的油可溶解泡沫，将其中的酸液释放出来，进而达到酸化低渗透层的目的。

机械封隔酸化技术在井况复杂的水平井中无法使用。加之天然裂缝的存在，导致储层非均质性较强，渗透率差异大，含裂缝区域的渗透率可能比不含裂缝的层段高出几个数量级，即使采用诸如 VES 自转向酸酸化，酸液也难以封堵裂缝，以便增产改造其余储层。因此，不得不向井内泵送大量酸液来实现所谓的均匀改造，从而导致酸化处理成本增加，但也无法达到较好的增产效果。

20 多年以来，化学家和工程师们都在探讨如何将纤维用于提高修井作业效率的方法。在研究矿物纤维和聚合物纤维的过程中，他们发现了在泵注过程中和过程后控制液体和固体悬浮物流动的技术。该研究产生了一系列的创新成果，包括钻井和固井过程中限制井漏（在钻井施工中，纤维加入钻井液以降低钻井液的漏失量，减小钻井期间钻井液侵入地层造成储层伤害），改善固井水泥的柔韧性和耐用性，在水力压裂作业时协助支撑剂的运送，以及在压裂作业之后防止支撑剂回流到井筒中等方法。

纤维暂堵转向酸化技术是借鉴纤维在钻井施工中的成功应用而提出的一种新型暂堵转向酸化技术。该技术是将纤维暂堵剂加入携带液中，形成纤维暂堵液，当其进入裂缝储层时，由于纤维长度远大于裂缝宽度，此时就很容易在裂缝口处形成架桥，同时捕获经过的纤维，从而相互牵扯形成网架结构，对裂缝进行成功封堵，减少后续注入的酸液大量进入裂缝带，实现对水平井的合理酸化改造。

纤维是一种柔软而细长的物质，其长度与直径之比至少为 10∶1，其截面积小于 0.05mm²。化学纤维一般是高分子聚合物，此成纤聚合物可直接取自自然界，也可由自然界的低分子化合物经化学聚合而成。

目前，评价纤维性能的方法较多，其主要有纤维的降解性能、拉伸性能、回弹性能、抗静电性能、染色性能、阻燃性能等。

2012 年，孙刚提出了碳酸盐岩储层纤维暂堵转向酸压技术，简要分析了纤维暂堵机理，并进行了现场应用，取得了较好的效果。同年，M.Quevedo 等提出了纤维辅助转向酸化技术，进行了纤维降解实验，发现降解后的纤维溶液可以通过 100 目的筛子，并进行了现场试验，取得了较好的效果[1]。

2013 年，齐天俊等提出了纤维在大斜度井和水平井中的应用，同时进行了纤维暂堵转向效果分析。同年，杨建委等提出了纤维暂堵转向酸压技术，进行了纤维暂堵实验以及纤维在水中的降解实验，最后进行了现场试验，取得了较好的效果[2]。

国内学者对纤维暂堵剂的研究较多，张合文等进行了纤维分散性、纤维封堵实验研究，并得出了"暂堵时排量越大，压差越大，暂堵性纤维的基液滤失越快，越易起到暂堵作用"的结论。

A.E.Mukhliss 等将黏弹性自转向酸与纤维暂堵剂结合用于沙特阿拉伯碳酸盐岩储层酸化作业中，以此来提高酸液转向效率，通过用纤维形成的桥架，横跨裂缝和主孔洞，从而限制酸液流量。酸化结束后，纤维降解成有机酸，其可以容易地从地层返排。钟森等进行了纤维溶解实验和纤维暂堵岩心效果实验，发现纤维可以达到暂堵效果，并能够完全降解，零残留，不会对储层造成伤害。周成裕等采用开环聚合法研制了酸溶性聚酯纤维，对所得产品进行红外光谱分析并确定其结构，通过实验证明了甲基和次甲基的存在，确定合成产物具有聚酯纤维的结构，为目标产物。Nicolas Droger 等提出了可降解纤维球暂堵储层裂缝带，进行了无暂堵、只桥架不封堵、封堵情况下的流动性和堵塞性能的实验分析，随着注入量的增加，后两种情况下驱替压力逐渐增长，而无暂堵时的驱替压力无变化，取得了较好的效果[3]。

2014 年，中国石油西南油气田公司在四川盆地龙王庙组气藏改造时采用纤维和可溶性暂堵球复合暂堵，施工压力增加 5.15MPa，现场应用 20 余井次，增产效果显著，同时降低了用酸规模，提高了该气藏的开发质量与效益。

到目前为止，纤维暂堵转向技术已在沙特阿拉伯、美国、伊拉克、俄罗斯等国家以及我国新疆、四川等地的裂缝性碳酸盐岩储层进行了先导性试验，并取得了较好的应用效果。

暂堵转向压裂是通过一次或多次投送高强度水溶性暂堵剂，利用暂堵剂临时封堵前次裂缝，迫使段内开启一条或多条新的裂缝，促使分支缝扩展，从而获得比常规压裂大的单井有效改造体积。与常规压裂相比，暂堵转向压裂充分利用压裂液自然优选储层"甜点"，避免了常规分段压裂人为确定"甜点"，最大限度地解放储层产能。典型的复杂裂缝网络如图 4-13 所示。

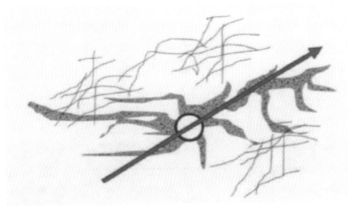

图 4-13　复杂裂缝网络示意图

暂堵转向压裂有多种分类方法，根据暂堵位置和暂堵目标不同，暂堵转向压裂技术可分为缝内暂堵和缝间暂堵两大类型；根据暂堵次数，可分为一次暂堵和多级暂堵；根据产生暂堵的作用方式，可分为物理暂堵和化学暂堵；根据暂堵剂类型，可分为堵塞球（塑料球、橡胶球、尼化球、蜡球）暂堵、纤维暂堵、大粒径支撑剂暂堵等。

近年来，高强度暂堵剂依靠其封堵效果好、施工成本低、施工方便等优点，逐渐在全国各大油田推广应用，为致密砂岩气藏的高效开发提供了新的技术手段。

2006 年，戴军华在对坪北油田二叠系延长组地应力分析的基础上，提出了缝内暂堵思路，利用暂堵剂封堵主缝，提升缝内净压力，促使次级裂缝及微裂缝的开启和延伸，增大改造体积[4]。

2008年，吴勇等针对新疆油田重复压裂井增产效果下降的问题，提出了暂堵转向压裂促使老井复产的思路，并对暂堵剂的溶解性、封堵性进行实验评价，优选出合适的暂堵剂，并选取现场井进行试验，增油效果显著[5]。

2009年，时玉燕等针对中原油田重复压裂仅延伸老裂缝，改造效果有限的问题，提出了"利用暂堵剂的封堵作用，促使新裂缝开启和支撑剂的铺置变化，从而动用更多剩余油"的思路，研制了暂堵剂，并对暂堵剂进行室内实验评价和现场试验，现场应用增产效果显著[6]。

三、其他转向技术

（1）缝内砂堵转向。

该技术主要采用高砂浓度段塞，堵塞人工裂缝缝口，从而实现层间转向。该技术现场应用中一般采用高砂浓度进行堵塞，如封堵困难，可采取提高砂浓度、混合砂、大粒径支撑剂（如20～40目）、提前降低排量等措施进行封堵。该技术存在的问题主要集中在某些层段封堵困难和井筒易发生沉砂。此外，在加砂压裂过程中，注入一定长度和浓度的粉砂段塞与之前加入的大粒径支撑剂混合后降低已有人工裂缝渗透率，也可以达到层内转向的目的。

（2）停泵转向。

该技术是利用排量变化在井底产生的压力脉冲，来连通之前未打开的射孔孔眼或开启新的天然裂缝，从而增加缝网复杂性。同理，也可用于处理施工复杂，该工艺主要用于层内转向。该工艺在很大程度上受施工段段长、裂缝带发育规模、初次开启的孔眼数多少及最大最小主应力差等因素影响。

（3）关井转向。

人工裂缝的方向总是垂直于最小主应力方向，在页岩气水平井某一段首次压裂过程中，若遇地层最小主应力较高，则裂缝扩展将受到限制，导致压裂施工困难。岩石应力与岩石的矿物组分及方向密切相关，因此，改变岩石的矿物组分和原始地层应力方向即可改变岩石的应力状态。页岩气水平井难压层段在第一次施工时降低地层破裂压力的酸液进入天然裂缝及层理中，使得页岩中碳酸盐岩溶解，离子扩散回水中，从而改变了岩石的矿物组分。在地层环境下，压裂液的大量进入使得岩石的含水饱和度上升，页岩的抗压强度和杨氏模量随含水饱和度的上升而下降，与此同时，渗吸降低了毛细管力，提高了孔隙压力，诱发拉伸裂缝。压裂液的注入产生了人工裂缝，同时改变了所压层段周围原始的地应力状态。通过关井在一定的时间范围内诱导应力可能改变初始的水平应力差，导致地层岩石应力重新定向，初始最小水平主应力的方向可能转变成目前最大水平主应力方向。根据弹性力学的理论和岩石破裂的准则，裂缝总是产生于强度最弱、阻力最小的方向，即垂直于最小主应力方向启裂并延伸，因此，关井后再压可能产生新的裂缝，发生裂缝转向，打开新的流体流动通道，更大范围地沟通老裂缝未动用的储层，提高气藏的开发效果[7-8]。

众多学者对缝内暂堵转向压裂的研究侧重于暂堵剂的研制及暂堵工艺的开发和应用，但是对缝内暂堵转向压裂技术的适应性及暂堵机理仍有待深入研究。暂堵转向压裂技术能否有效应用，不仅与地下油气的分布情况有关，而且与地应力场有着密不可分的关系，若与改造井的地质条件并不符合，则暂堵转向压裂将难以达到较好效果。因此，关键在于地应力场的研究，明确发生应力场反转的条件、位置、时机等。缝内暂堵转向压裂关键在于提高缝内净压力，增加诱导应力，只有当诱导应力增加到一定程度后，才会发生应力场反转。但由于压裂裂缝并非密闭空间，缝内净压力的增加不仅与缝内暂堵剂暂堵后形成的压差有关，还受到裂缝进一步延伸或新裂缝开启的影响，是一个较复杂的动态过程，因此，对缝内暂堵转向压裂提高诱导应力的多少进行预测量化十分困难。此外，如何区分砂堵和暂堵的压力响应、避免砂堵，也是一个难题。

第三节　返排液回用处理技术

一、压裂返排液处置方式

页岩气开发采用大规模水力压裂模式，所需的压裂液用量大，单井的压裂液用量达 $5 \times 10^4 m^3$。按照第一年平均返排率20%～30%计算，单井每年产生的压裂返排液量将达（1～1.5）$\times 10^4 m^3$（第一年），且随着后续生产的持续，剩余的压裂液还将持续返排出来。由于页岩气压裂返排液的液量巨大，且反复回收再利用，使得返排液中含有大量的无机盐、悬浮物、细菌以及少量的高分子聚合物或降解物等，化学耗氧量（COD）和生化耗氧量（BOD）较高，水量和水质变化大，安全环保风险高。压裂返排液的处置方式主要有回注、回用和外排3种。

1. 回注

将井场的压裂返排液通过输水管线、罐车运送至回注井站，通过高压泵回注地层。由于压裂液中含有大量的悬浮物，直接回注地层将带来严重伤害，因此在回注前通常会通过絮凝沉降、过滤等工艺来降低悬浮物含量。回注地层的处理工艺与常规天然气压裂返排液回注处理工艺类似，只是非常规天然气体积压裂返排液通常不含油或含微量油类（主要是钻井过程中带入），回注处理的技术难度更低，但处理量巨大，对于回注层要求高。

对于页岩气开发，由于采用体积压裂模式，其压裂返排液量大，回注需要大量的同层回注井，这势必大幅增加钻井费用。同时，由于压裂返排液量巨大，在日趋严厉的环保形势下，许多地方政府严格限制回注井的数量，甚至不批准新钻回注井。因此，以回注的方式处理压裂返排液对于页岩气开发已逐步显示出不适用性。

2. 回用

将井场的压裂返排液就地进行处理，去除或降低对压裂效果和压裂液性能影响较大的杂质后再进行循环利用，充分利用水资源和压裂返排液中的有用成分，节能减排。

目前，对压裂返排液回用处理主要有两种方式：

（1）利用井场的储水池进行自然沉降，去除大颗粒机械杂质，并在回用时利用清水稀释降低压裂返排液中各种杂质的含量，从而实现重新配液回用。该方法是目前页岩气等非常规天然气开发中处理压裂返排液的主要方法，工艺简单，处理成本低，在国内外均有大规模的应用。然而，该方法处理后的水质较差，部分地区无清水稀释，对重新配液的压裂液添加剂性能要求高，且添加剂用量大，回用时压裂液性能不稳定，在存放过程中易变黑、发臭，影响周边环境。

（2）将油田污水处理工艺引入压裂返排液回用处理，结合压裂返排液的水质特点和回用要求，通过水质软化、絮凝沉降、多级过滤、杀菌等工艺组合对压裂返排液进行精细处理，去除或降低压裂返排液中影响回用性能的各种杂质含量，杀菌抑菌，大幅提高了出水水质，提高了压裂返排液重新配制的压裂液性能，减少了压裂液添加剂用量，并且避免了压裂返排液在存放过程中存在的变黑、发臭问题。

3. 外排

将压裂返排液处理达到外排水质要求后进行外排是压裂返排液无害化处理的发展趋势。外排处理主要有两种方式：一是直接交由市政污水处理厂，按照市政污水的处理方式进行处理；二是在井场或井场附近建污水处理站（厂），利用反渗透膜工艺、结晶蒸发工艺进行处理。

　　目前，国内外对于页岩气压裂返排液最主要的处置方式是回用，通过有效的处理工艺，实现压裂返排液的大规模回用，同时解决压裂返排液环保风险高和大规模体积压裂现场配液用水缺乏等难题。

二、压裂返排液回用处理工艺

1. 自然沉降、清水稀释

　　压裂返排液从井口返排出来，经除砂器除砂后进入储水池，在储水池存放的过程中，通过自然沉降除去大颗粒机械杂质（图4-14）。压裂返排液回用时，增大配制压裂液的添加剂用量，确保压裂液性能达到施工要求。部分地区在压裂返排液回用时采用清水进行稀释来降低压裂返排液中各种杂质的含量，进一步提高压裂返排液的水质。

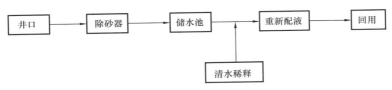

图4-14　压裂返排液自然沉降、清水稀释工艺

　　自然沉降、清水稀释这类压裂返排液回用处理工艺是目前四川长宁—威远国家级页岩气示范区和滇黔北昭通国家级页岩气示范区以及涪陵国家级页岩气示范区压裂返排液的主要处理方式。在页岩气开发的初期，对压裂返排液进行自然沉降后，在回用施工时均采用大量的清水对压裂返排液进行稀释，以保证重新配制的压裂液性能，清水与压裂返排液的比例通常达到4:1。随着近年来压裂液技术的不断进步，清水与压裂返排液的混合比例逐步降低，目前已可采用全压裂返排液配制压裂液，大大减少了清水的用量。

　　该方法工艺简单，处理成本低，但增大了后续重新配制压裂液的添加剂用量，增大了添加剂成本，且施工时性能不稳定，在等待接替回用井时易变黑、发臭，特别是夏季，对周边环境造成影响。此外，由于自然沉降只能除去大颗粒的机械杂质和一部分悬浮物，压裂返排液中仍含有大量的悬浮物，这些悬浮物回用时进入地层对体积压裂产生的复杂缝网造成堵塞伤害，将在一定程度上影响压裂改造效果。

2. 精细处理

　　精细处理主要是在原有的自然沉降基础上，进一步去除悬浮物、软化水质、杀灭细菌，提高压裂返排液水质，同时也避免了因细菌滋生造成的压裂返排液变黑、发臭问题。目前，对压裂返排液进行精细处理通常是通过组合式的压裂返排液处理装置实现的。压裂返排液处理装置通常包括加药单元、絮凝单元、过滤单元、污泥脱水单元、杀菌单元等（图4-15）。

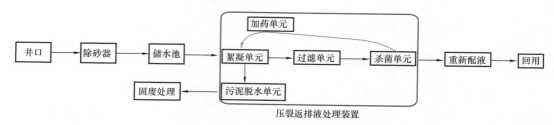

图4-15　压裂返排液精细处理工艺

压裂返排液从井口返排出来，经除砂器除砂后进入储水池，在储水池存放的过程中，通过自然沉降除去大颗粒机械杂质。将压裂返排液用污水泵泵至压裂返排液处理装置，通过加药单元和絮凝单元进行水质软化和絮凝沉降，降低压裂返排液中对回用影响较大的高价金属离子含量（钙离子、镁离子以及铁离子等）和悬浮物含量；再经过滤单元进一步降低悬浮物含量；最后利用杀菌单元杀灭压裂返排液中的细菌；絮凝单元产生的污泥经污泥脱水单元脱水后当作固废处理。

1）加药单元

加药单元主要是利用计量泵对各处理单元进行水处理药剂加注。药剂通常包括絮凝剂、pH值调节剂、杀菌剂等。加药单元配备有药剂罐及搅拌器，可以按照设计的要求配制不同种类的药剂和不同的药剂浓度。

2）絮凝单元

絮凝单元主要是利用药剂以及沉降装置（通常为斜管/斜板沉降装置）对水质进行软化，并将沉淀物、悬浮物絮凝沉降下来，清水进入过滤单元，污泥进入污泥脱水单元。该单元的关键在于沉降装置的设计，确保絮体有足够的时间沉降下来，否则会大大加重后续过滤单元的负荷。

（1）水质软化。水质软化主要有离子交换和化学沉淀两种方式。

离子交换主要是利用离子交换树脂（通常是钠型树脂）对压裂返排液中的钙、镁等离子进行吸附，同时释放出钠等低价离子，起到水质软化的作用。该方式的水质软化效果好，但离子交换需要一定时间，且处理能力不高；同时，当离子交换树脂吸附的钙、镁离子达到一定的饱和度后，需要对离子交换树脂进行再生，通入高浓度的再生液（通常是氯化钠溶液），使离子交换树脂重新恢复至钠型树脂。

以 RNa 代表钠型树脂，其水质软化的离子交换过程如下：

$$2RNa+Ca^{2+} \longrightarrow R_2Ca+2Na^+$$

$$2RNa+Mg^{2+} \longrightarrow R_2Mg+2Na^+$$

即通过钠离子交换后，压裂返排液中的钙、镁离子被置换成钠离子。化学沉淀主要是利用氢氧根、碳酸根离子对压裂返排液中的钙、镁、铁等高价金属离子进行化学沉淀。化学沉淀药剂主要有石灰、氢氧化钠、碳酸钠等。该方式的水质软化效果较好，速度快，处理能力大，在软化水质的同时也能降低压裂返排液中对压裂返排液变黑和压裂返排液回用性能影响很大的铁离子含量，但需要大量的化学沉淀药剂。同时，当钙、镁、铁等离子被沉淀出来时，易吸附在金属管壁，引起结垢问题。化学沉淀法最常用的是向压裂返排液中加入石灰，沉淀钙、镁等离子，但只能将硬度降到一定的范围内。可溶性碳酸盐、碱等也常被用于沉淀钙、镁离子，软化压裂返排液水质。

$$Ca^{2+}+2OH^- \longrightarrow Ca（OH）_2 \downarrow$$

$$Mg^{2+}+2OH^- \longrightarrow Mg（OH）_2 \downarrow$$

$$Fe^{2+}+2OH^- \longrightarrow Fe（OH）_2 \downarrow$$

$$Fe^{3+}+3OH^- \longrightarrow Fe（OH）_3 \downarrow$$

$$Ca^{2+}+CO_3^{2-} \longrightarrow CaCO_3 \downarrow$$

$$Mg^{2+}+CO_3^{2-} \longrightarrow MgCO_3 \downarrow$$

$$Fe^{2+}+CO_3^{2-} \longrightarrow FeCO_3 \downarrow$$

（2）絮凝沉降。絮凝沉降主要有化学絮凝和电絮凝两种方式。化学絮凝主要是利用带电荷絮凝剂与压裂返排液中带相反电荷的悬浮物接触，降低其电势，使其脱稳，并利用其聚合性质使得这些颗粒集中，特别是通过高分子物质的吸附、架桥、网捕等作用聚集成矾花，逐渐聚集沉降下来（图 4–16）。化学絮凝剂主要包括无机高分子絮凝剂（聚合氯化铝、聚合硫酸铝、聚合氯化铁等）和有机高分子絮凝剂（聚丙烯酰胺等）。通常先加入无机高分子絮凝剂使悬浮物絮凝出来，再加入有机高分子絮凝剂使絮体聚集成大块，依靠其重力使其沉降下来。该方式的絮凝效果好，但药剂用量大，对压裂返排液的 pH 值有一定要求。

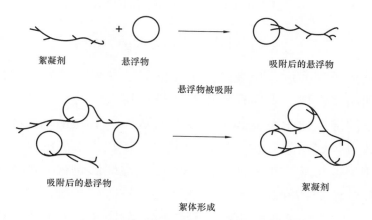

图 4-16　压裂返排液絮凝示意图

电絮凝主要是利用铝、铁等金属为阳极，在直流电的作用下，阳极被溶蚀，产生铝、铁等离子，在经一系列水解、聚合及亚铁的氧化过程，使压裂返排液中的胶态杂质、悬浮杂质凝聚沉淀而分离（图 4-17）。同时，带电的污染物颗粒在电场中泳动，其部分电荷被电极中和而促使其脱稳聚沉，起到絮凝的作用。可添加少量的有机高分子絮凝剂使产生的絮体快速聚集成团，提高絮凝效果。该方式药剂用量少，对压裂返排液的 pH 值没有要求，但絮凝时间较长，能耗高。

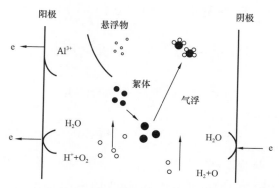

图 4-17　压裂返排液电絮凝示意图

3）过滤单元

过滤单元主要利用各种过滤器对絮凝沉降后的压裂返排液进行过滤，进一步降低悬浮物含量，并限制悬浮物粒径大小。常用的过滤器有石英砂过滤器、核桃壳过滤器、自清洗过滤器、袋式过滤器以及活性炭过滤器等。

自清洗过滤器是目前在压裂返排液回用精细处理方面运用最多的一种过滤器，采用较高精度的滤芯或滤网直接拦截悬浮物。通常，压裂返排液由自清洗过滤器下部进入过滤器的壳体，由下而上通过转盘进入滤芯的内腔，再通过滤芯向外流出，过滤后得到的清水由过滤器上部的出水口流出，悬浮物被截留在滤芯的内侧（图4-18）。当进行反冲时，无须切断进水水流，过滤器马达驱动滤芯转盘旋转，并打开反冲洗排污阀，每个滤芯依次经过反冲出水管进行冲洗。过滤器中的水压与大气压之间的压差造成滤液逆向流动，可去除截留在滤芯上的杂质。在转盘旋转一周后反冲洗结束，反冲阀关闭，马达驱动停止。不同厂家的自清洗过滤器的滤芯不同，过滤精度也不同（通常5～20μm），设计上也有一定差异，但基本原理都相似。

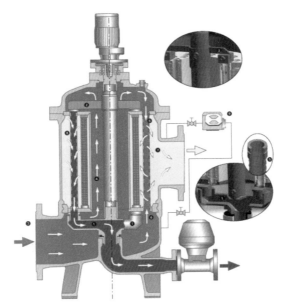

图4-18　压裂返排液用自清洗过滤器示意图

石英砂过滤器也被用于压裂返排液回用精细处理，通过填充不同粒径级配的石英砂作为过滤层，起到拦截悬浮物的目的（图4-19）。石英砂过滤器的处理能力大，价格便宜，但需要人工倒换流程进行反冲洗。现场一般采用两台石英砂过滤器交叉过滤，利用一台过滤器产生的清水反冲洗另一台过滤器。石英砂过滤器现场应用中最大的问题在于压裂返排液中软而细的悬浮物容易造成石英砂层的板结，反冲洗频繁，且不易冲洗干净。

袋式过滤器也是目前在压裂返排液回用精细处理方面应用较多的一种过

滤器（图 4-20）。袋式过滤器内部由金属网篮支撑滤袋，压裂返排液进入滤袋中，依靠后续泵压迫使清水流出，悬浮物被截留在滤袋中。过滤器的精度主要受滤袋材质和滤袋孔隙精度控制，精度最低可达 3μm 以下。袋式过滤器的过滤效果较好，存在的问题是因滤袋材质所限，其耐压不高，滤袋中的悬浮物达到一定程度后需更换。一个袋式过滤器中通常有多个并联的滤袋，提高了处理能力。

核桃壳过滤器与石英砂过滤器原理类似，滤料层为不同粒径的核桃壳，最大的优点在于对浮油有较好的吸附作用（核桃壳多孔介质）。活性炭过滤器的滤料层为活性炭，主要作用是吸附压裂返排液中的异味，实际应用不多。

图 4-19　压裂返排液用石英砂过滤器

图 4-20　压裂返排液用袋式过滤器

4）杀菌单元

压裂返排液中含有有机质，易滋生细菌（主要是硫酸盐还原菌、腐生菌和铁细菌）。大量的细菌会造成压裂返排液水质恶化（变黑、发臭），其代谢产物还会在回用时对储层微细裂缝造成堵塞。压裂返排液中常采用杀菌剂或紫外线进行杀菌。

紫外线杀菌是利用波长为240～280nm的紫外线破坏细菌病毒中DNA（脱氧核糖核酸）或RNA（核糖核酸）的分子结构，造成生长性细胞死亡和（或）再生性细胞死亡，达到杀菌消毒的效果。

杀菌剂分为氧化性杀菌剂和非氧化性杀菌剂。氧化性杀菌剂通常为强氧化剂，通过与细菌体内代谢酶发生氧化作用而达到杀菌目的；非氧化性杀菌剂是以致毒剂的方式作用于微生物的特殊部位，从而破坏微生物的细胞或生命体而达到杀菌效果。

考虑到杀菌剂既能杀灭细菌，又能在一定时间内抑制细菌滋生，而紫外线杀菌只能杀灭细菌，没有抑制细菌滋生作用，因此实际处理过程中主要还是以杀菌剂杀菌为主。杀菌剂由加药单元计量泵泵注。

5）污泥脱水单元

污泥脱水单元主要是对絮凝单元产生的污泥进行脱水，达到减量化处理目的。污泥脱水设备主要有叠螺机和板框压滤机两大类。

叠螺机主体叠螺部分是由固定环和游动环相互层叠，螺旋轴贯穿其中形成的过滤装置，前段为浓缩段，后段为脱水段（图4-21）。固定环和游动环之间形成的滤缝以及螺旋轴的螺距从浓缩段到脱水段逐渐变小。旋转的螺旋轴在推动污泥从浓缩段输送到脱水段的同时，也不断带动游动环清扫滤缝，防止堵塞。当螺旋轴转动时，设在螺旋轴外围的多重固活叠片相对移动，在重力作用下，水从相对移动的叠片间隙中滤出，实现快速浓缩。经过浓缩的污泥随着螺旋轴的转动不断往前移动；沿滤饼出口方向，螺旋轴的螺距逐渐变小，环与环之间的间隙也逐渐变小，螺旋腔的体积不断收缩；在出口处背压板的作用下，内压逐渐增强，在螺旋轴依次连续运转推动下，污泥中的水分受挤压排出，滤饼含固量不断升高，最终实现污泥的连续脱水。

板框压滤机由交替排列的滤板和滤框构成一组滤室（图4-22）。滤板的表面有沟槽，其凸出部位用以支撑滤布。滤框和滤板的边角上有通孔，组装后构成完整的通道，能通入悬浮液、洗涤水和引出滤液。板、框两侧各有把手支托在横梁上，由压紧装置压紧板、框。板、框之间的滤布起密封垫片的作用。由供料泵将悬浮液压入滤室，在滤布上形成滤渣，直至充满滤室。滤液穿过滤布并沿滤板沟槽流至板框边角通道，集中排出。过滤完毕，可通入洗涤水洗涤滤渣。洗涤后，有时还通入压缩空气，除去剩余的洗涤液。随后打开压滤机卸除滤渣，清洗滤布，重新压紧板、框，开始下一工作循环。

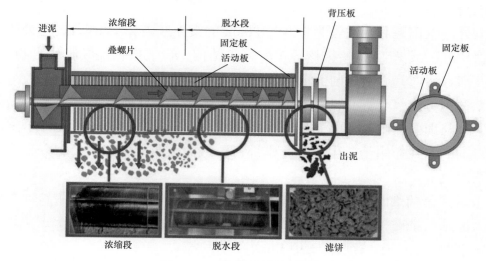

图 4-21 叠螺机结构示意图

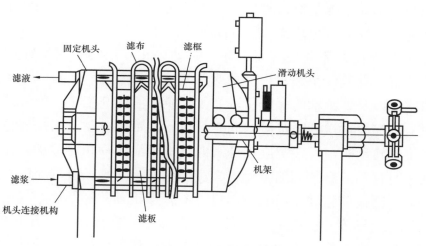

图 4-22 板框压滤机结构示意图

板框压滤机占地空间大，主要用于大型的压裂返排液处理厂，通常间歇运行，污泥脱水后的泥块含水率低，而叠螺机占地空间小，主要用于压裂返排液橇装处理装置或处理站，可连续操作，污泥脱水后的泥含水率高（通常 80% 左右）。

三、压裂返排液回用处理药剂

1. 絮凝药剂

常用无机絮凝剂主要以聚合氯化铝和聚合氯化铁为主。考虑到铁离子对返排液回用性能的影响，因此选择以聚合氯化铝为主的无机絮凝剂进行评价；同时，选择了聚丙烯酰胺类有机絮凝剂进行评价。评价方法参照 SY/T 5796—2020《油田用絮凝剂评价方法》进行。

从表 4-2 中可以看出，无机絮凝剂与有机絮凝剂组合应用，其絮凝沉降效果受絮凝剂种类的影响较大，其中聚丙烯酰胺 F2 和聚丙烯酰胺 A7 效果最好，絮体大且密实，沉降速度快，清液无色透明。

表 4-2 多平台返排液混样絮凝沉降处理试验结果

试验编号	药剂名称及加量	絮体大小、沉降快慢、密实程度描述	上层清液	综合评价
1#	400mg/L 无机絮凝剂 N+5mg/L 聚丙烯酰胺 F1	较大、较快、密实	无色、透明	好
2#	400mg/L 无机絮凝剂 N+5mg/L 聚丙烯酰胺 F2	大、快、密实	无色、透明	很好
3#	400mg/L 无机絮凝剂 N+5mg/L 聚丙烯酰胺 A1	较大、较快、疏松	无色、透明	较差
4#	400mg/L 无机絮凝剂 N+5mg/L 聚丙烯酰胺 A2	细小、较慢、疏松	无色、半透明	差
5#	400mg/L 无机絮凝剂 N+5mg/L 聚丙烯酰胺 A6	较大、较快、密实	无色、透明	较好
6#	400mg/L 无机絮凝剂 N+5mg/L 聚丙烯酰胺 A7	大、快、密实	无色、透明	很好
7#	400mg/L 无机絮凝剂 N+5mg/L 聚丙烯酰胺 A8	较大、较快、疏松	无色、透明	较好
8#	400mg/L 无机絮凝剂 N+5mg/L 聚丙烯酰胺 A9	细小、较慢、密实	无色、半透明	差
9#	400mg/L 无机絮凝剂 N+5mg/L 聚丙烯酰胺 A10	较大、较快、较疏松	无色、半透明	较差
10#	400mg/L 无机絮凝剂 N+5mg/L 聚丙烯酰胺 A11	较大、较快、疏松	无色、半透明	较差
11#	400mg/L 无机絮凝剂 P+5mg/L 聚丙烯酰胺 F1	较大、较快、密实	无色、透明	好
12#	400mg/L 无机絮凝剂 P+5mg/L 聚丙烯酰胺 F2	大、快、密实	无色、透明	很好
13#	400mg/L 无机絮凝剂 P+5mg/L 聚丙烯酰胺 A1	较大、较快、疏松	无色、透明	较好
14#	400mg/L 无机絮凝剂 P+5mg/L 聚丙烯酰胺 A2	较小、较慢、密实	无色、半透明	差
15#	400mg/L 无机絮凝剂 P+5mg/L 有机絮凝剂	较大、较快、密实	无色、半透明	较好
16#	400mg/L 无机絮凝剂 P+5mg/L 聚丙烯酰胺 A7	大、快、密实	无色、透明	很好

试验编号	药剂名称及加量	絮体大小、沉降快慢、密实程度描述	上层清液	综合评价
17#	400mg/L 无机絮凝剂 P+5mg/L 聚丙烯酰胺 A8	大、快、疏松	无色、透明	较好
18#	400mg/L 无机絮凝剂 P+5mg/L 聚丙烯酰胺 A9	较小、较慢、密实	无色、半透明	差
19#	400mg/L 无机絮凝剂 P+5mg/L 聚丙烯酰胺 A10	大、快、较疏松	无色、半透明	较好
20#	400mg/L 无机絮凝剂 P+5mg/L 聚丙烯酰胺 A11	大、快、疏松	无色、半透明	较差

无机絮凝剂复配是提高絮凝效果、降低用量的方法之一。将两种无机絮凝剂复配，考察其絮凝效果，结果见表4-3。

表4-3　无机絮凝剂复配后的絮凝沉降处理试验结果

试验编号	药剂名称及加量	絮体大小、沉降快慢、密实程度描述	上层清液	综合评价
1#	100mg/L 无机絮凝剂 N+200mg/L 无机絮凝剂 P+5mg/L 聚丙烯酰胺 F1	较大、较快、密实	无色、透明	好
2#	100mg/L 无机絮凝剂 N+200mg/L 无机絮凝剂 P+5mg/L 聚丙烯酰胺 F2	大、快、密实	无色、透明	很好
3#	100mg/L 无机絮凝剂 N+200mg/L 无机絮凝剂 P+5mg/L 聚丙烯酰胺 A1	较大、较快、疏松	无色、透明	较好
4#	100mg/L 无机絮凝剂 N+200mg/L 无机絮凝剂 P+5mg/L 聚丙烯酰胺 A2	细小、较慢、疏松	无色、半透明	差
5#	100mg/L 无机絮凝剂 N+200mg/L 无机絮凝剂 P+5mg/L 有机絮凝剂	较大、较快、密实	无色、透明	较好
6#	100mg/L 无机絮凝剂 N+200mg/L 无机絮凝剂 P+5mg/L 聚丙烯酰胺 A7	大、快、密实	无色、透明	很好
7#	100mg/L 无机絮凝剂 N+200mg/L 无机絮凝剂 P+5mg/L 聚丙烯酰胺 A8	较大、较快、疏松	无色、透明	较好
8#	100mg/L 无机絮凝剂 N+200mg/L 无机絮凝剂 P+5mg/L 聚丙烯酰胺 A9	细小、较慢、密实	无色、半透明	差
9#	100mg/L 无机絮凝剂 N+200mg/L 无机絮凝剂 P+5mg/L 聚丙烯酰胺 A10	大、快、较疏松	无色、半透明	较好
10#	100mg/L 无机絮凝剂 N+200mg/L 无机絮凝剂 P+5mg/L 聚丙烯酰胺 A11	大、快、疏松	无色、半透明	较好

从表4-3中可以看出，两种无机絮凝剂复配后，无机絮凝剂总用量从400mg/L降至300mg/L，与有机絮凝剂组合应用时仍具有良好的絮凝效果，表明两种无机絮凝剂具有协同作用。

以聚丙烯酰胺F2和聚丙烯酰胺A7为有机絮凝剂，与无机絮凝剂复配物组合应用，降低絮凝剂总用量，确定絮凝剂的最佳用量，结果见表4-4。

表4-4　无机絮凝剂和有机絮凝剂的最佳用量

试验编号	药剂名称及加量	絮体大小、沉降快慢、密实程度描述	上层清液	综合评价
1#	100mg/L 无机絮凝剂 N+200mg/L 无机絮凝剂 P+5mg/L 聚丙烯酰胺 F2	大、快、密实	无色、透明	很好
2#	100mg/L 无机絮凝剂 N+100mg/L 无机絮凝剂 P+5mg/L 聚丙烯酰胺 F2	较大、较快、密实	无色、透明	好
3#	80mg/L 无机絮凝剂 N+80mg/L 无机絮凝剂 P+5mg/L 聚丙烯酰胺 F2	较大、较慢、疏松	无色、透明	差
4#	100mg/L 无机絮凝剂 N+200mg/L 无机絮凝剂 P+4mg/L 聚丙烯酰胺 F2	大、快、密实	无色、透明	很好
5#	100mg/L 无机絮凝剂 N+200mg/L 无机絮凝剂 P+3mg/L 聚丙烯酰胺 F2	较大、较快、疏松	无色、透明	差
6#	100mg/L 无机絮凝剂 N+200mg/L 无机絮凝剂 P+5mg/L 聚丙烯酰胺 A7	大、快、密实	无色、透明	很好
7#	100mg/L 无机絮凝剂 N+100mg/L 无机絮凝剂 P+5mg/L 聚丙烯酰胺 A7	较大、较快、密实	无色、透明	好
8#	80mg/L 无机絮凝剂 N+80mg/L 无机絮凝剂 P+5mg/L 聚丙烯酰胺 A7	较大、较慢、疏松	无色、透明	差
9#	100mg/L 无机絮凝剂 N+200mg/L 无机絮凝剂 P+4mg/L 聚丙烯酰胺 A7	大、快、密实	无色、透明	很好
10#	100mg/L 无机絮凝剂 N+200mg/L 无机絮凝剂 P+3mg/L 聚丙烯酰胺 A7	较大、较快、疏松	无色、透明	差

从表4-4中可以看出，降低无机絮凝剂复配物的总用量，其絮凝效果逐渐变差，最终将无机絮凝剂N的推荐用量确定为100mg/L，无机絮凝剂P的推荐用量确定为200mg/L；同时，有机絮凝剂的用量降至4mg/L时，仍具有良好的絮凝效果，继续降低用量时絮凝效果变差，最终将有机絮凝剂的推荐用量确定为4mg/L。

压裂返排液的絮凝沉降时间关系到现场处理装置的实际处理能力，因此采用长宁和威远两个代表性返排液样进行了絮凝沉降时间测定试验，绘制了沉降曲线（图 4-23 至图 4-26）。

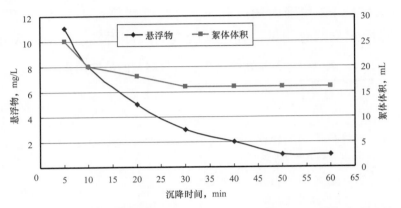

图 4-23　长宁返排液絮凝沉降曲线（无机絮凝剂＋有机絮凝剂）

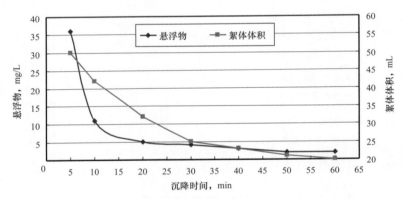

图 4-24　长宁返排液絮凝沉降曲线（无机絮凝剂）

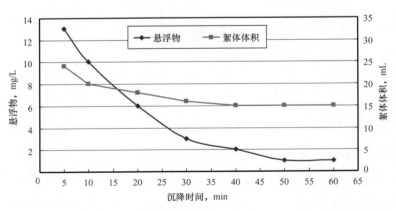

图 4-25　威远返排液絮凝沉降曲线（无机絮凝剂＋有机絮凝剂）

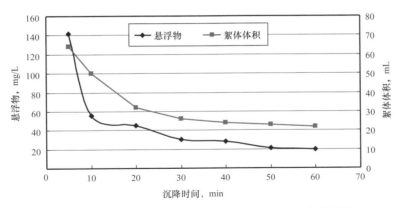

图 4-26　威远返排液絮凝沉降曲线（无机絮凝剂）

实验结果表明，无机絮凝剂＋有机絮凝剂形成的絮体大，沉降较快，絮体较致密，能有效降低压裂返排液的悬浮物含量；沉降初期，絮体沉降较快，清液中总可溶性固形物（TSS）含量急剧降低，絮体体积逐渐减小，絮凝 50min 后，清液 TSS 含量和絮体体积达到平衡。考虑到实际水质的差异性，本项目将絮凝沉降时间定为 60min。

2. 水质软化剂

川南页岩气压裂返排液具有较高的硬度，超过一定范围时需要进行水质软化，避免回用地层后结垢伤害。对于硬度较高、变化较大且水量巨大的污水，水质软化采用化学沉淀法，利用氢氧根和（或）碳酸根离子与钙、镁等高价金属离子生成沉淀来降低硬度。由于化学沉淀产生的沉淀物粒径非常小（通常500～1000nm），部分以胶体形式悬浮，即使在絮凝剂的作用下也难以快速沉降下来，会导致大量的沉淀物和胶体进入后续过滤单元，造成过滤单元频繁堵塞和反冲洗。采用复配水质软化剂对压裂返排液进行化学沉淀处理，测试沉淀物的颗粒粒径分布图[9]。

从图 4-27 中可以看出，采用复合水质软化剂进行化学沉淀后，产生的颗粒粒径较普通化学沉淀产生的沉淀物粒径（通常 500～1000nm）大得多，平均粒径为 2270nm，有利于在絮凝剂的作用下快速沉降下来，避免现场处理过程中造成结垢堵塞问题。

采用复合水质软化剂进行水质软化，取不同时间后的清液测定钙、镁离子浓度，计算返排液软化后的硬度。

从表 4-5 中可以看出，在 30min 内返排液的硬度降至 390mg/L，远低于 NB/T 14002.3—2015 中的硬度要求。

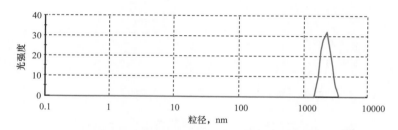

图 4-27 复配水质软化剂对压裂返排液化学沉淀后的颗粒粒径

表 4-5 返排液在复合水质软化剂下的软化效果

时间，min	硬度，mg/L	Ca²⁺，mg/L	Mg²⁺，mg/L	备注
0	1014	750	264	NB/T 14002.3—2015《页岩气 储层改造 第3部分：压裂返排液回收和处理方法》[10]要求硬度≤800mg/L
5	640	460	180	
10	490	310	180	
20	400	220	180	
30	390	210	180	

3. 污泥脱水药剂

污泥脱水采用叠螺机进行脱水减量化处理。脱水前采用有机絮凝剂对污泥絮体进行再次絮凝。采用聚丙烯酰胺 F2 和聚丙烯酰胺 A7 进行絮凝，考察叠螺机的脱水效果。

从表 4-6 中可以看出，以有机絮凝剂作为污泥脱水药剂，叠螺机对污泥的脱水效果较好，出泥含水率达 80%～90%，达到装袋拉运要求。

表 4-6 有机絮凝后叠螺机污泥脱水效果

絮凝剂种类	用量，mg/L	矾花描述	叠螺机出泥状况	出泥含水率，%
聚丙烯酰胺 F2	5	大，成团	较干，可装袋	80～90
聚丙烯酰胺 A7	5	大，成团	较干，可装袋	80～90

第四节 井筒清洗技术

页岩气钻井过程中，页岩水平层段普遍采用油基钻井液钻井，在后期的完井过程中，油基钻井液与水基材料接触后严重增稠，黏附在井壁或套管壁上，井壁及套管内壁的油基滤饼若不及时清除，在射孔作业中将会进入储层内部，直接影响到射孔作业时的储层保护。另外，套管内壁黏附过多的滤饼，后期试油通管作业中，套管内壁的油泥逐渐被机械刮落，掉入井底，过多的滤饼在井底堆积，形成长段塞的堵塞物，导致射孔枪、桥塞等压裂工具下入困难，严重时甚至完全堵死井筒。因此，在射孔作业前清洗附着在套管内壁上的油膜及污物，是射孔作业中有效保护储层的关键措施，也是保证后续压裂前的通、刮、洗井作业正常进行的重要环节。

一、井筒清洗需求概况

油基钻井液分为全油基钻井液和油包水乳化钻井液两大类。目前，在川渝地区气田的页岩气钻井过程中均使用油包水乳化钻井液作为油基钻井液。因此，分析油包水乳化钻井液的组成及作用原理，可获得油泥堵塞物的主要成分，指导配套的解堵药剂开发。油基钻井液中易形成黏附物的关键组分为油包水型乳化剂和亲油胶体。

油包水型乳化剂的主要作用是稳定油包水乳化钻井液[10]，其作用机理是：（1）在油水界面形成具有一定强度的吸附膜；（2）降低油水界面张力；（3）增加外相黏度。通过上述作用机理，可阻止分散相液滴聚集变大，从而使乳状液保持稳定。吸附膜的强度被认为是乳状液能否保持稳定的决定性因素。在油包水乳化钻井液中多使用油溶性表面活性剂（高级脂肪酸的二价金属皂，如硬脂酸钙、烷基磺酸钙、烷基苯磺酸钙、环烷酸钙、环烷酸酰胺、腐殖酸酰胺、Span-80、油酸、亚油酸、甘油三酯等）。亲油胶体为分散在油包水乳化钻井液油相中的固体处理剂，通常为有机土、氧化沥青以及亲油的褐煤粉、二氧化锰等，其主要作用是用作增黏剂和降滤失剂。其中，使用最多的是有机膨润土，其次是氧化沥青。这两种处理剂可以使油基钻井液的性能像水基钻井液那样很方便地随时进行必要的调整。常见油基钻井液使用的配方及性能见表4-7。

表4-7　国内油包水乳化钻井液配方及主要性能

配方	性能	备注
油水比 70∶30 7%Span-80+ 3% 腐殖酸酰胺 + 3% 有机土 + 3% 氧化沥青 + 9% 石灰 + 200% 重晶石	密度 2.0~2.18g/cm³， 塑性黏度 80~100mPa·s， 动切力 25~40Pa， 常温滤失量 0.2mL/30min， 高温（149℃）滤失量 4~6mL/30min， 破乳电压 500~600V	水相中含有 15%CaCl₂、 16%NaCl 和 15%KCl

配方	性能	备注
油水比 85：15 8% 烷基苯磺酸钙 + 2% 环烷酸钙 + 10% 石灰 + 3% 有机土	密度 1.6g/cm³， 塑性黏度 60.5mPa·s 动切力 175Pa， 常温滤失量 3～5mL/30min， 破乳电压 900V	水相中含有 20%CaCl₂， 15%NaCl 和 5%KCl

川渝地区气田的页岩气钻井过程中使用的油基钻井液基本组成为油相、水相、乳化剂、油润湿剂、亲油胶体、石灰、加重材料等。从基本配方可以看出，油基钻井液自身形成的滤饼主要由碳酸钙、重晶石、氧化钙、沥青、有机土等组成，同时会黏附部分地层微粒、固井水泥浆颗粒，形成的油泥十分黏稠，黏附性极强。油泥堵塞物状态如图 4-28 所示。该类堵塞物使用纯水基清洗液无法使各固相物质分散开（图 4-29）。

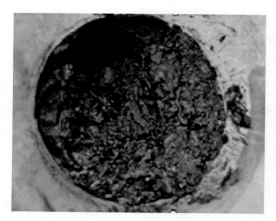

图 4-28　页岩气井油泥

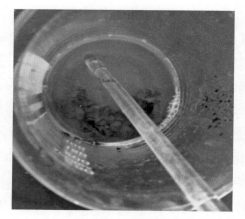

图 4-29　油泥在水基溶液中的状态

二、井筒清洗液研究现状

井筒清洗液主要通过对油基钻井液残余物中某种或几种组分的溶解、分散和化学反应清洗达到清除堵塞物的目的，国内外研究的油基钻井液清洗液主要包括有机溶剂、表面活性剂和微乳液 3 类。

有机溶剂类油基钻井液清洗液主要基于相似相溶原理，由于极性分子间的电性作用，极性分子组成的溶质易溶于极性分子组成的溶剂，难溶于非极性分子组成的溶剂；非极性分子组成的溶质易溶于非极性分子组成的溶剂，难溶于极性分子组成的溶剂。

相似相溶原理是一个关于物质溶解性的经验规律，具体表现为：极性溶剂（如水）易溶解极性物质（离子晶体、分子晶体中的极性物质，如强酸等）；非极性溶剂（如苯、汽油、四氯化碳等）能溶解非极性物质（大多数有机物、Br_2、I_2 等）；含有相同官能团的物质互溶，如水中含羟基（—OH）能溶解含有羟基的醇、酚、羧酸。

从分子学的角度来看，只有当溶剂与溶质分子之间具有较强的相互作用时，溶解过程才有可能自发进行。极性溶剂的介电常数比较大，能减弱电解质中带相反电荷的离子间吸引力，产生"离子—偶极子结合"，使离子溶剂化而进入溶剂中。同时，极性溶剂与极性溶质间在特殊结构条件下易形成氢键，从而促进溶质溶解。非极性溶剂的介电常数很低，不能减弱电解质离子间的引力，也不能与其他极性分子形成氢键。但在分子间的范德华力作用下，当非极性溶剂分子内部产生的瞬时偶极克服了非极性溶质分子间内聚力时，非极性溶质能溶于非极性溶剂中。

从热力学的观点来看，体系吉布斯自由能减少（$\Delta G<0$），溶解过程才能自发进行。由方程式 $\Delta G=\Delta H-T\cdot\Delta S$ 可知，$T\cdot\Delta S>0$，显然，ΔH 是决定 $\Delta G<0$ 的主要因素。由于极性分子与极性分子间有氢键或其他强烈的相互作用，可补偿因破坏极性分子内部作用的影响，溶解过程的热效应不大，即 $\Delta H<0$ 或 $\Delta H>0$，但 $\Delta H<T\cdot\Delta S$。这样可降低体系自由能，使溶解体系得以稳定，溶解能够自发进行。因此，极性物质易溶于极性溶剂中。而非极性分子与极性分子之间缺少强烈的相互作用，两者间只有较弱的分子间诱导力，无法补偿因破坏极性分子内部的氢键及非极性溶质分子间的色散力而带来的影响，溶解过程的焓变较大，$\Delta H>0$，且 $\Delta H>T\cdot\Delta S$，从而引起体系自由能升高（$\Delta G>0$），溶解不能自发进行。因此，非极性物质不易溶于水中。根据相似相溶原理，在已知溶质组成结构的情况下，可针对性地对溶剂进行初选。一般可用极性参数作为表征物质极性强弱的依据，极性参数数值越大，极性越大。常见溶剂的极性参数见表 4-8。

表 4-8 常见溶剂的极性参数

溶剂名称	极性参数	溶剂名称	极性参数	溶剂名称	极性参数
环己烷	-0.2	二氯甲烷	3.1	乙酸乙酯	4.4
石油醚	0.0	异丙醇	3.9	甲醇	5.1

续表

溶剂名称	极性参数	溶剂名称	极性参数	溶剂名称	极性参数
正己烷	0.0	正丁醇	4.0	丙酮	5.1
甲苯	2.4	四氢呋喃	4.1	乙腈	5.8
二甲苯	2.5	氯仿	4.3	乙酸	6
苯	2.7	乙醇	4.4	水	10.2

安全性是有机溶剂在工程应用上必须考虑的因素，闪点是可燃性有机溶剂液体贮存、运输和使用的一个安全指标，同时也是可燃性液体的挥发性指标。闪点是在规定的试验条件下，液体表面上能发生闪燃的最低温度。闪燃是液体表面产生足够的蒸气与空气混合形成可燃性气体时，遇火源产生一闪即燃的现象。有机溶剂的闪点随其浓度的变化而变化。闪点低的可燃性液体，挥发性高，容易着火，安全性较差。根据消防工程设计及应用，根据开杯闪点的不同将可燃液体分为甲类液体、乙类液体和丙类液体三大种类。

甲类液体：闪点小于28℃的液体（如原油、汽油等）。

乙类液体：闪点大于或等于28℃但小于60℃的液体（如喷气燃料、灯用煤油）。

丙类液体：闪点大于60℃的液体（重油、柴油、润滑油等）。

由于水分子与溶剂之间具有强的氢键作用，能抑制溶剂挥发，同时表面活性剂可以在有机溶剂表面形成单分子膜，将气液界面密封，进一步阻止溶剂挥发，因此，水和表面活性剂含量越高，有机溶剂浓度越小，清洗液闪点越高。

HLB值在解堵清洗液的研发过程中可作为分散剂的选择依据[11]。HLB值即亲水亲油平衡值，可反映出表面活性物质的亲水或亲油程度，范围为0~20，HLB值越大，说明表面活性物质的亲水性越强。表面活性物质的每个基团对其HLB值均有一定的贡献，其HLB值与构成分子的各基团对HLB值的贡献间有下述经验关系：

$$HLB = 7 + \sum (\text{亲水基团 HLB 值}) + \sum (\text{亲水基团 HLB 值})$$

各基团的HLB值见表4-9。

表 4-9　部分基团的 HLB 值

亲水性基团	HLB 值	亲油性基团	HLB 值
—SO$_4$Na	38.7	—CH—	−0.475
—COOK	21.1	—CH$_2$—	−0.475
—COONa	19.1	—CH$_3$	−0.475
酯（失水山梨醇环）	6.8	=CH—	−0.475
—O—	1.3	—（C$_3$H$_6$O）—	−0.15
—N（叔胺）	9.4	—CF$_2$—	−0.87
—（CH$_2$H$_4$O）	0.33	—CF$_3$	−0.87

HLB 值作为有机相乳化分散的选择依据，其性质的差异对表面活性物质（分散剂、渗透剂等）的 HLB 值有不同的要求。当表面活性剂物质的 HLB 值与有机相乳化分散所需 HLB 值相匹配时，才具备较佳的分散效果。

基于前人的研究，建立起各种有机相乳化分散所需 HLB 值数据库，部分有机相乳化分散所需的 HLB 值见表 4-10。根据堵塞物中已知有机组分的化学组成，选择 HLB 值与之匹配的表面活性物质，才能最大限度地发挥其分散作用，取得快速高效的分散效果，为下一步表面活性剂组分发挥其增溶作用提供便利。

表 4-10　不同有机相乳化分散所需的 HLB 值

有机相	HLB 值（水相为连续相）	HLB 值（油相为连续相）
石蜡	10	4
烷烃矿物油	10	4
蜂蜡	9	5
芳烃矿物油	12	4
凡士林	10.5	4
羊毛脂	12	8

表面活性剂对有机垢物的增溶作用是基于表面活性剂的胶束增溶原理，即表面活性剂在水溶液中达到临界胶束浓度后，一些水不溶性或微溶性物质在胶束溶液中的溶解度可显著增加并形成胶体溶液。表面活性剂作为两亲分子，分子结构中具有亲水基团和疏水基团，溶液中的表面活性剂分子在疏水作用力下

发生自聚，形成疏水基团向内、亲水基团向外、在水中能稳定分散的表面活性剂胶束（图 4-30）。所形成的胶束内核为被增溶有机物提供了较佳的溶解环境，从而表现为被增溶物在溶液中的溶解度增加。在增溶过程中，被增溶物的化学势较增溶前显著降低，形成的体系是热力学稳定体系。

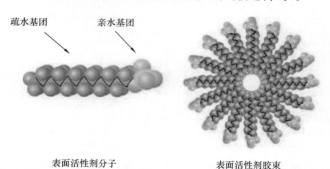

图 4-30　表面活性剂胶束增溶原理示意图

被增溶物在特定的表面活性剂体系中均存在最大增溶浓度，当被增溶物的浓度达到最大增溶浓度后，增溶体系将向热力学不稳定体系转变。表面活性剂的浓度、分子碳链长度、支链结构、亲水基团与疏水基团的间隔碳原子数等均会对最大增溶量产生显著影响，而被增溶物的分子体积、构型和极性等也会直接影响最大增溶量。因此，在清洗液的开发过程中，必须根据堵塞物的分子结构选择适合的表面活性剂体系，才能充分发挥表面活性剂的增溶作用。

三、井筒微乳清洗技术

实际生产中，最理想的状况是清洗液不仅能将残余的油基钻井液完全清除，同时使套管、岩层转变为水润湿。依靠表面活性剂与油相混合即可自发形成热力学稳定的微乳液技术，成为清除油基钻井液、改善界面润湿性的新手段。该技术也可有效改善油气储层的润湿性，从而成为研究的热点。

对于微乳液体系，根据微乳液平衡体系的相态变化，可用 Winsor 提出的方法对其进行分类。Winsor 将微乳液平衡体系分为 4 种不同的类型（图 4-31）：Winsor Ⅰ 是水包油（O/W）微乳液和油相共存的体系；Winsor Ⅱ 是油包水（W/O）微乳液和水相共存的体系；Winsor Ⅲ 是微乳液和油水两相共存的体系；Winsor Ⅳ 从宏观上看是一个单相的微乳液体系，也被称为 Winsor Ⅲ 的特例。Winsor Ⅳ 型微乳液是清洗油基钻井液、改变界面润湿性最理想的乳液类型，油滴将会作为内相完全被水相包裹，使得油污能够从井壁上剥离下来并稳定地分散在乳液中，同时改变井壁和套管的润湿性[12]。

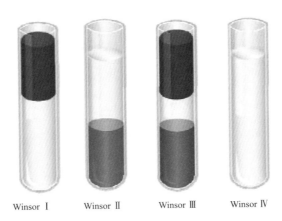

Winsor I Winsor II Winsor III Winsor IV

图 4-31 微乳液平衡体系示意图

蓝色表示水相；棕色表示油相；白色表示乳液

针对特定油相，可筛选出适合将其迅速增溶并形成 Winsor IV 型微乳液的表面活性剂体系。当用表面活性剂作为稳定剂制备乳液时，为了得到稳定的乳液，一般情况下，必须针对不同的油相选择与之相适应的最佳 HLB 值。根据经验，一般将表面活性剂的亲水亲油平衡值范围限定在 0～40 之间，其中非离子表面活性剂的亲水亲油平衡值范围为 0～20。亲水型表面活性剂有较高的亲水亲油平衡值（大于 9），亲油型表面活性剂有较低的亲水亲油平衡值（小于 9）。表面活性剂的亲水亲油平衡值与其应用有着密切的关系。亲水亲油平衡值为 3～6 的表面活性剂适合用作油包水型（油为外连续相）乳剂，亲水亲油平衡值在 8～18 的表面活性剂适合用作水包油型（水为外连续相）乳剂。亲水亲油平衡值为 13～18 的表面活性剂适合用作增溶剂、润湿剂和分散剂，亲水亲油平衡值为 7～9 的表面活性剂适合用作润湿剂和乳化剂等。微乳液的形成不需要额外的能量输入，但会受温度、pH 值和压力等因素的影响：一般的微乳液分散相的体积越大，体系温度越高越不稳定；表面活性剂含量越高，微乳液越容易形成；离子型表面活性剂形成的微乳液常常需要加入一定量的助表面活性剂，而非离子型体系不需要。

近年来，随着研究的深入发展，众多国外研究机构（如埃尼公司、贝克休斯公司、BJ 服务公司、哈里伯顿公司等）将研究的重心放在了微乳液型清洗剂上，与传统清洗剂相比，这些微乳液型清洗剂清洗效率高，且能有效改变界面的润湿性能，配方简单，价格更低，应用范围广，从而受到了广泛的关注[13-15]。

胜利石油管理局海洋钻井公司刘东青等人利用一种高分子聚合物 SMS 制

备出了一种具有优异抗盐能力，与海水、水泥浆均有良好相容性的高效抗盐冲洗液，SMS 除了用作非离子表面活性剂增强清洗能力外，同时还是黏土稳定剂[16]。

参 考 文 献

［1］孙刚. 碳酸盐岩储层纤维暂堵转向酸压技术研究与应用［J］. 内蒙古石油化工，2012（1）：112-113.

［2］齐天俊，韩春艳，罗鹏，等. 可降解纤维转向技术在川东大斜度井及水平井中的应用［J］. 天然气工业，2013，33（8）：58-63.

［3］王艳林，方正魁，刘林泉，等. 新型可降解纤维暂堵转向压裂技术研究及应用［J］. 钻采工艺，2020，43（6）：52-54，71.

［4］戴军华，钟水清，熊继有. 暂堵压裂技术在坪北油田的研究应用［J］. 钻采工艺，2006，29（6）：67-67.

［5］吴勇，陈凤，承宁. 利用人工暂堵转向提高重复压裂效果［J］. 钻采工艺，2008，31（4）：59-61.

［6］时玉燕，刘晓燕，赵伟，等. 裂缝暂堵转向重复压裂技术［J］. 海洋石油，2009，29（2）：60-64.

［7］齐天俊，周文高，潘勇，等. 转向压裂技术在川渝页岩气井压裂中的应用［C］.2017 年全国天然气学术年会论文集，2017.

［8］刘海鑫. 页岩气水平井关井转向压裂技术［J］. 江汉石油职工大学学报，2017，30（4）：34-37.

［9］熊颖，宋彬，唐永帆，等. 基于多级反渗透的页岩气压裂返排液处理技术［J］. 科学技术与工程，2021，11（18）：1-4.

［10］何涛，李茂森，杨兰平. 有机泥浆钻井液在威远地区页岩气水平井中的应用［J］. 钻井液与完井液，2012，29（3）：1-5.

［11］Jones T A, Quintero L, Toro C F, et al. Expanding surfactant technology applications to enable project successes［C］. SPE 156482-MS, 2012.

［12］王辉，刘潇冰，耿铁，等. 微乳液型油基钻井液冲洗液作用机理及研究进展［J］. 钻井液与完井液，2015，32（4）：96-100.

［13］Maserati G, Daturi E, Del Gaudio L, et al. Nano-emulsions as cement spacer improve the cleaning of casing bore during cementing operations［C］.SPE 133033-MS, 2010.

［14］Darugar Q A, Quintero L, Jones T A, et al. Wellbore remediation using microemulsion technology to increase hydrocarbon productivity［C］. SPE 160851-MS，2012.

［15］Berry S L，Beall B B. Laboratory development and application of a synthetic oil/surfactant system for cleanup of OB and SBM filter cakes［C］. SPE 97857-MS，2006.

［16］刘东青，周仕明. SMS 抗盐高效前置液的研制与应用［J］. 石油钻探技术，1999，27（5）：44-46.

第五章　现场应用实践

目前，四川盆地页岩气勘探开发取得了阶段性成功，已建成多个页岩气商业开发示范基地，其中 CN 区块页岩气勘探开发具有较好的代表性。滑溜水体积压裂及其配套储层改造技术为 CN 区块的高效、可持续开发提供了主要的技术支撑。

本章基于 CN 区块页岩气勘探开发情况，系统总结、概括了页岩气压裂以及相关配套技术的发展历程，以及在 CN 区块的典型应用情况，有望为国内页岩气勘探开发技术的长足发展提供技术借鉴。

第一节　工作液技术现场应用

一、常规滑溜水的现场应用

N209 区块某井现场应用情况，构造位置为 CN 背斜构造中奥顶构造南翼。N209H4-2 井完钻井深 5070.0m，完钻层位龙马溪组，采用 139.7mm 套管完井，水平段长 1500.0m。

本井的压裂设计主要依据前期邻井压裂取得的认识，以快速建产为目标，采用前期成熟的工艺和技术参数。本井设计压裂 28 段，采用滑溜水体系，分段工具为可溶桥塞，针对天然裂缝发育、五峰组井段和井筒清洁需要，注入一定量的胶液，支撑剂主体采用 70～140 目石英砂 +40～70 目陶粒组合，现场准备一定量的 50～100 目小粒径高强度陶粒，针对天然裂缝发育段、加砂困难段可采用 50～100 目小粒径高强度陶粒，石英砂比例控制在 30% 以下。设计施工排量为 14m³/min（要求压裂设备满足 14m³/min 作业要求），控制施工压力在 95MPa 以下，采用段塞式加砂模式，单段液量设计 1800m³，主体加砂强度为 2t/m，天然裂缝发育段 1.5t/m，单段砂量为 80～100t；第一段注酸 10m³，现场准备一定量的酸液，后续压裂段根据施工情况决定酸液使用量。采用每段分 3 簇射孔，每簇射孔段长 1m，孔密为 16 孔 /m，相位角为 60°，单段总孔数为 48 孔。第一段采用连续油管传输射孔，后续段采用电缆泵送桥塞射孔。针对天然裂缝发育段设计加入暂堵剂，暂堵剂用量可根据现场施工情况实时调整。

二、目的层概况

1. 储层岩性特征

本井段岩性主要为灰黑色、黑色页岩。

2. 岩石脆性特征

N209H4-2 井水平段平均脆性指数为 55.7%，有利于通过体积压裂形成复杂裂缝。

3. 天然裂缝特征

通过对比斯通利波能量衰减，本井 A 点以下无明显衰减井段，微细裂缝不发育；蚂蚁体追踪裂缝预测（图 5-1）表明，井段 3275~3300m 弱，4300~4350m 较强，5025~5060m 弱，共计 3 段 105.0m 裂缝相对更发育，可能存在裂缝发育段；测井资料表明，龙马溪组水平段优质页岩厚度大，裂缝发育，脆性矿物含量高，利于水力压裂。

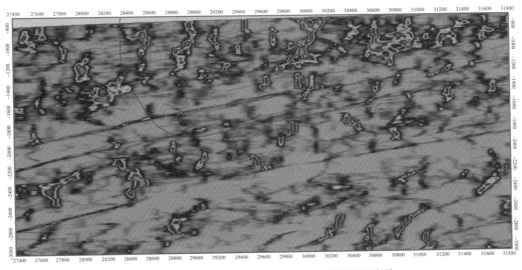

图 5-1 N209H4-2 井蚂蚁追踪裂缝预测图

4. 钻井、录井、测井情况

志留系龙马溪组共钻遇油气水漏显示 3 段，合计长度 1890.0m，其中气测异常 3 段。水平段钻遇气测异常 1 段，厚 1500.0m，水平段气测异常显示占比 100%。

水平段长 1500.0m，A 点 3570.0m 后测井解释井段 3570.0~5020.0m（段

长 1320.0m)，Ⅰ类优质页岩储层钻遇 1383.0m，钻遇率 95.37%；Ⅱ类储层钻遇 62.0m，钻遇率 4.28%，Ⅲ类储层钻遇 5.0m，钻遇率 0.34%。

本井为新完钻井，之前未实施储层改造措施，也未生产。

5. 邻井改造概况

与 N209H4 平台相邻且已取得测试产量的平台有 H13 平台和 H26 平台；平均测试日产量为 $30.67 \times 10^4 m^3$，单井最高测试日产量为 $43.3 \times 10^4 m^3$（表 5–1）。

相邻平台井折算至 1500m 压裂段长，平均测试日产量为 $33.2 \times 10^4 m^3$。

表 5–1　相邻平台压裂完成井测试情况统计

序号	井号	压裂段长 m	压裂段数	平均段长 m	测试日产量 $10^4 m^3$	折算 1500m 测试日产量 $10^4 m^3$	改造工艺
1	CN 区块某 –1	1500	21	70.29	24.09	24.9	常规
2	CNH13–2	1450	23	63.04	30	31.0	常规
3	CNH13–3	1450	21	69.05	27.49	28.4	常规
4	CNH13–4	1605	22	72.95	26.43	24.7	常规
5	CNH13–5	1450	20	72.50	43.3	44.8	常规
6	CNH13–6	1435	21	68.33	35.17	36.8	常规
7	CNH26–2	1044	20	52.20	29.1	41.8	密切割 + 高强度加砂
8	CNH26–3	1217.5	18	67.64	40.01	49.3	石英砂替代陶粒
9	CNH26–4	1548	23	67.30	30.55	29.3	常规
10	CNH26–5	1441	21	68.62	20.53	21.4	常规

6. 压裂酸化目的及主要对策

开发 N209 井区龙马溪组页岩气资源，有效提高单井产量，快速建产。以扩大波及体积、形成复杂缝网为目标，采用低黏滑溜水 + 陶粒为主的压裂工艺；为提高裂缝复杂程度，主体采用低黏滑溜水体系，要求滑溜水满足低摩阻、连续混配、可回收利用的要求；支撑剂选用 70~140 目石英砂 +40~70 目陶粒组合方式，70~140 目石英砂用于支撑微裂缝，40~70 目陶粒支撑主裂缝，提高支撑裂缝导流能力。由于相邻平台多次出现加砂困难及砂堵等复杂情况，现场准备一定量的 50~100 目小粒径陶粒，降低施工风险。

泵注方式：主体采用段塞加砂方式；施工排量为 12～14m³/min，在控制施工压力下尽可能大排量施工。射孔工艺及参数：第一段采用连续油管射孔，其余段均采用电缆泵送射孔。每段分 3 簇，每簇长度为 1m，孔密为 16 孔/m，总孔数为 48 孔。对于天然裂缝发育井段可注入一定量的暂堵剂，暂堵球的加量和加注时机可以根据微地震监测和施工情况进行实时调整；压裂后按照控制、平稳、连续的原则进行排液，延长 3～5mm 小尺寸油嘴排液时间，减小出砂对生产和集输等的不利影响。

7. 压裂酸化方案及施工参数

施工工艺为分簇射孔分段压裂工艺。

8. 入井材料

为了提高返排液重复利用，该井采用滑溜水体系。按照国家能源行业标准 NB/T 14003.1—2015《页岩气 压裂液 第 1 部分：滑溜水性能指标及评价方法》的要求，滑溜水性能必须满足标准中表 3–1 的要求；滑溜水配方为 0.08% 高效减阻剂 +0.10% 助排剂 +0.30% 复合防膨剂。

胶液的性能指标满足 SY/T 6376—2008《压裂液通用技术条件》中对水基压裂液的要求，降阻率应大于 65%。

根据 CN 区块已施工井情况，酸液对于降低破裂压力具有一定作用，为保证施工顺利进行，设计第一段注酸 10m³，现场准备一定量的酸液，后续压裂段根据施工情况决定酸液使用量。

根据前期页岩气平台井现场施工情况，仍采用 70～140 目石英砂与 40～70 目陶粒小粒径组合支撑剂，其中 70～140 目石英砂主要用于支撑微裂缝、降低滤失，40～70 目陶粒用于主体裂缝支撑。准备一定量的 50～100 目小粒径陶粒支撑剂，针对加砂困难段，可降低 40～70 目支撑剂用量，变更为 50～100 目小粒径陶粒支撑剂。支撑剂性能满足 SY/T 5108—2014《水力压裂和砾石充填作业用支撑剂性能测试方法》中对支撑剂性能的要求。

该井测井及三维地震解释成果表明，较多井段存在天然裂缝。为了避免天然裂缝对压裂裂缝延伸的影响和较小井间距下的井间干扰，现场准备一定量的暂堵剂，暂堵剂的加注量和加注时机根据现场施工情况实时调整。暂堵剂采用 1～3mm 粒径与粉末的组合方式，按 1：2 比例进行组合。

9. 施工参数计算

分段方案的确定原则如下：结合钻井地质模型、小层划分成果，将同一小层分在同一段内；结合钻井显示、测井解释成果，将物性相近、应力差异不大的分在一段；对储层物性较差的适当减小段长，增加应力干扰；每段分 3 簇射孔，簇间距主体采用 12～20m，平均簇间距为 15.8m；根据固井资料及套管接箍数据进行微调。

本井分段平均段长 51m，分段结果见表 5-2。

表 5-2　N209H4-2 井分段结果

段次	分段底界，m	分段顶界，m	段长，m	段次	分段底界，m	分段顶界，m	段长，m
1	5020	4970	50	15	4320	4270	50
2	4970	4920	50	16	4270	4220	50
3	4920	4870	50	17	4220	4171	49
4	4870	4820	50	18	4171	4122	49
5	4820	4770	50	19	4122	4073	49
6	4770	4720	50	20	4073	4024	49
7	4720	4670	50	21	4024	3957	67
8	4670	4620	50	22	3957	3906	51
9	4620	4570	50	23	3906	3845	61
10	4570	4520	50	24	3845	3796	49
11	4520	4470	50	25	3796	3747	49
12	4470	4420	50	26	3747	3698	49
13	4420	4370	50	27	3698	3649	49
14	4370	4320	50	28	3649	3600	49

注：施工过程中如果发生套管变形、泵送桥塞及射孔作业异常等复杂情况，经现场施工领导小组决定可对分段方案进行调整。

10. 射孔段及参数确定

（1）射孔位置及参数选择原则。选择脆性高、应力低、TOC 高、含气量高、录井气测显示好的位置射孔，避开套管接箍位置，兼顾固井质量。第一段采用连续油管射孔，其余各段采用电缆传输分簇射孔。按照有利于形成复杂缝网的原则，按照区域经验，总孔眼数为 48 孔，每段分 3 簇射孔，每簇 1m，孔密为 16 孔 /m，相位角 60°，尽可能确保每簇射孔孔眼均能有效开启。

（2）N209H4-2 井射孔段选择结果。第一段采用连续油管射孔，按表 5-2

中设计射孔参数进行射孔，其余段均采用电缆泵送射孔。施工过程中如果发生套管变形、泵送桥塞及射孔作业异常等复杂情况，经现场施工领导小组决定可对射孔方案进行调整。同时射孔簇位置避开套管接箍。

（3）井下工具的选择。本井采用可溶桥塞，桥塞规格应与油层套管匹配，且在地层温度及施工情况下性能可靠，其中第一段采用连续油管射孔。

（4）施工规模的确定。为了利于对比评价，结合软件模拟成果，按照单段 1800m³ 液量设计；结合前期施工情况，总体按照单段砂量 100t 设计；按照单段 30t 石英砂、70t 陶粒进行设计。如现场加砂困难，可根据施工情况改变支撑剂类型，降低 40～70 目陶粒用量，变更为 50～100 目小粒径陶粒支撑剂，同时可降低加砂强度。为保证施工顺利进行，N209H4-2 井第一段按 10m³ 设计，现场准备一定量的酸液，后续压裂段根据施工情况决定酸液使用量。针对天然裂缝发育段，依据 CN 区块施工经验，在前置液阶段注入一定量胶液；采用 Meyer 软件，根据该井的基础数据建立了该井的压裂模型，根据设计的施工参数模拟结果如图 5-2 和图 5-3 所示。

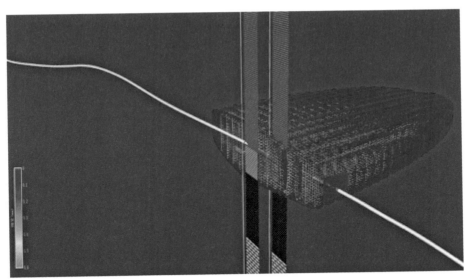

图 5-2　N209H4-2 井压裂裂缝模拟结果

（5）压裂施工排量。为了满足大排量施工需要，采用套管注入方式。同时为了满足大排量注入及后期下管柱及桥塞分段压裂工艺的需要，采用多路进液装置和大通径压裂井口。

相邻平台平均延伸压力梯度为 0.024～0.028MPa/m，按照 14m³/min 以上的排量施工，施工泵压为 64～80MPa（表 5-3、表 5-4）。

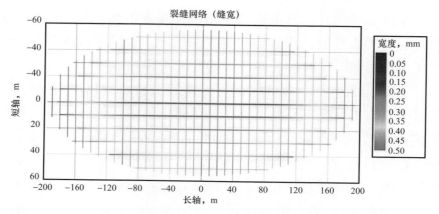

图 5-3 N209H4-2 井压裂裂缝模拟结果

表 5-3 N209H4-2 井 A 点施工泵压预测（预测参数：垂深 3076.7m，测深 3570.0m）

施工排量 m³/min	液柱压力 MPa	摩阻 MPa	泵压，MPa				
			0.024 MPa/m	0.025 MPa/m	0.026 MPa/m	0.027 MPa/m	0.028 MPa/m
10.0	30.15	10.19	53.88	56.95	60.03	63.11	66.18
11.0	30.15	12.04	55.73	58.80	61.88	64.96	68.03
12.0	30.15	14.02	57.71	60.79	63.86	66.94	70.02
13.0	30.15	16.13	59.82	62.90	65.97	69.05	72.13
14.0	30.15	18.37	62.06	65.14	68.21	71.29	74.37
15.0	30.15	20.73	64.42	67.50	70.57	73.65	76.73

表 5-4 N209H4-2 井 B 点施工泵压预测（预测参数：垂深 2797.5m，测深 5070.0m）

施工排量 m³/min	液柱压力 MPa	摩阻 MPa	泵压，MPa				
			0.024 MPa/m	0.025 MPa/m	0.026 MPa/m	0.027 MPa/m	0.028 MPa/m
10.0	27.42	14.47	54.19	56.99	59.79	62.58	65.38
11.0	27.42	17.10	56.82	59.62	62.42	65.21	68.01
12.0	27.42	19.91	59.64	62.43	65.23	68.03	70.83
13.0	27.42	22.91	62.64	65.43	68.23	71.03	73.83
14.0	27.42	26.09	65.81	68.61	71.41	74.21	77.00
15.0	27.42	29.44	69.17	71.96	74.76	77.56	80.36

根据预测结果，若施工限压按 95MPa 控制，能够满足 12～14m³/min 施工排量，根据前期的施工情况和现场实际施工压力，施工过程中按照 12～14m³/min 以上的排量施工，在施工控制压力下尽可能地提高施工排量。

三、耐高矿化度滑溜水的现场应用

为实现高矿化度压裂返排液的大规模回用，除开发出耐高矿化度滑溜水压裂液技术外，研究高矿化度压裂返排液回用处理工艺，使其满足回用配液水质要求，也是实现高矿化度压裂返排液大规模回用的途径之一。

耐高矿化度滑溜水在 CNH5-2 井第 14～18 段、CNH5-1 井第 8～14 段进行了现场应用。施工过程中，根据现场情况及时调整添加剂用量，优化现场使用配方，确保现场施工顺利。

从表 5-5 中可以看出，在矿化度为 34000～41000mg/L、硬度为 800～1200mg/L 的条件下，累计应用滑溜水 22516m³，实现了高矿化度、高硬度压裂返排液的大规模回用。

表 5-5　耐高矿化度滑溜水现场应用量

井段	施工液量，m³	配液用水矿化度，mg/L	配液用水硬度，mg/L
CNH5-2 井第 14 段	1844.89	35800	1040
CNH5-2 井第 15 段	1916.87	36400	1098
CNH5-2 井第 16 段	1939.50	35500	1129
CNH5-2 井第 17 段	1913.78	36600	1011
CNH5-2 井第 18 段	1864.70	34100	857
CNH5-1 井第 8 段	1835.88	39800	1210
CNH5-1 井第 9 段	1860.44	41100	1256
CNH5-1 井第 10 段	1838.06	39800	1109
CNH5-1 井第 11 段	1853.14	38600	1134
CNH5-1 井第 12 段	1821.51	37400	1056
CNH5-1 井第 13 段	1912.15	38400	1137
CNH5-1 井第 14 段	1914.69	37700	987

研发的耐高矿化度滑溜水压裂液主要在 CNH5-2 井和 CNH5-1 井的部分施工层段进行了应用。在应用之前，现场取 CNH5 平台配液用水开展了配伍性评价实验，实验结果见表 5-6。

表 5-6　CNH5 平台配液用水与耐高矿化度滑溜水配伍性实验

项目	指标	实测值
pH 值	6~9	6.5
运动黏度，mm^2/s	5	1.8
排出率，%	35	42.5
降阻率，%	70	73
溶解时间，s	—	40
配伍性	室温和储层温度下均无絮凝现象，无沉淀产生	无絮凝、无沉淀

从表 5-6 中可以看出，耐高矿化度滑溜水与 CNH5 平台配液用水具有良好的配伍性，pH 值、运动黏度、排出率、降阻率、配伍性等主要性能参数均满足行业标准要求，且添加剂溶解时间短，满足现场连续混配作业要求。

CNH5-2 井为四川盆地 CN 构造的页岩气水平井，其基础数据见表 5-7。

表 5-7　CNH5-2 井的基础数据

层位		龙马溪组
井号		CNH5-2
施工井段，m		3254~4736
岩性描述		主要为黑色页岩
物性描述	孔隙度，%	6.0
	含水饱和度，%	—
	地层温度，℃	95.8（4780m）
脆性指数		65.8

从表 5-7 中可以看出，该井的岩心脆性指数较高，有利于采用滑溜水进行体积压裂，形成复杂缝网；同时，该井的施工水平段较长，要求滑溜水具备良好的降阻性能，在有限的地面泵头条件下实现大排量泵注。

按照西南油气田公司页岩气研究院《CNH5-2 井压裂酸化设计》理念，本井设计采用滑溜水压裂液进行体积压裂；同时，为满足大规模施工和压裂返排液回用等技术要求，设计的滑溜水压裂液须实现连续混配和可采用返排液配制等现场要求。最终，本井设计压裂施工主要采用耐高矿化度滑溜水压裂液，考察耐高矿化度滑溜水的现场应用效果。

由于 CNH5-2 井全程采用压裂返排液配制滑溜水，因此其矿化度、硬度均较高，采用常规滑溜水施工时的降阻剂用量较大（一般为 0.12%）。即使大幅提高降阻剂用量，在施工过程中仍偶尔存在压力不稳、摩阻偏高等问题（如 CNH5-2 井第 11 段）。

从图 5-4 中可以看出，即使增大了常规降阻剂用量（本段现场降阻剂用量为 0.12%），本段压裂施工的摩阻仍偏高。根据施工泵压、停泵压力计算施工摩阻为 6.03MPa/km，计算现场降阻率只有 64.5%。

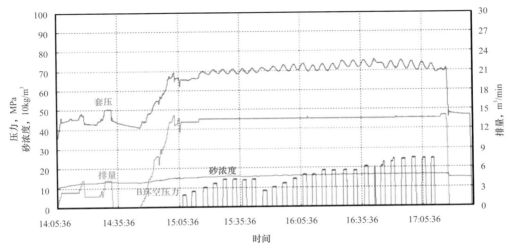

图 5-4 CNH5-2 井第 11 段压裂施工曲线

为了弄清 CNH5-2 井第 11 段施工摩阻较高的原因，现场对 CNH5-2 井第 14 段的配液用水进行取样分析。分析结果表明，该配液用水的矿化度在 35000mg/L 左右，硬度在 1000mg/L 左右，矿化度和硬度均较高，配制滑溜水时使得降阻剂分子链卷曲，不能在配液用水中舒展开来，从而造成滑溜水降阻率降低。

CNH5-2 井第 14 段采用耐高矿化度滑溜水进行配液施工，配液用水为压裂返排液，返排液的矿化度为 35800mg/L，硬度为 1040mg/L，配液水质与 CNH5-2 井第 11 段类似。图 5-5 是 CNH5-2 井第 14 段压裂施工曲线。

从施工曲线来看，其现场泵压较低。根据施工泵压、停泵压力计算施工摩阻为 4.76MPa/km，计算现场降阻率达 72.0%。与 CNH5-2 井第 11 段相比，由于采用的耐高矿化度降阻剂，在未增加降阻剂用量的前提下，其降阻率在高矿化度、高硬度条件下却有明显提高，表现出良好的耐高矿化度、耐高硬度性能。

CNH5-2 井第 18 段采用耐高矿化度滑溜水进行配液施工，配液用水为压裂返排液，返排液的矿化度为 34100mg/L，硬度为 857mg/L。图 5-6 是 CNH5-2 井第 18 段压裂施工曲线。

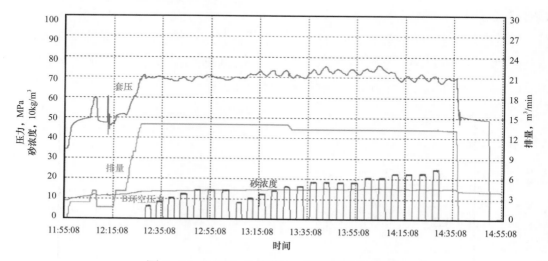

图 5-5　CNH5-2 井第 14 段压裂施工曲线

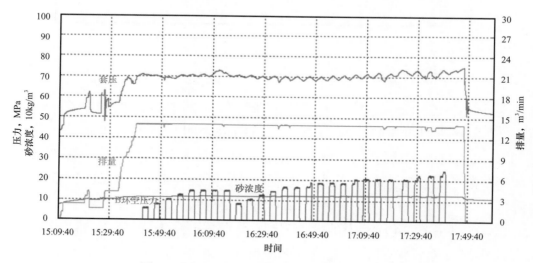

图 5-6　CNH5-2 井第 18 段压裂施工曲线

从图 5-6 中可以看出，在降阻剂用量较常规滑溜水用降阻剂用量大幅降低的前提下，应用耐高矿化度滑溜水施工的施工曲线平稳，根据施工泵压、停泵压力计算施工摩阻为 4.38MPa/km，计算现场降阻率达 74.2%。

CNH5-1 井与 CNH5-2 井类似，属于同平台的页岩气井，其基础数据见表 5-8。

表 5-8　CNH5-1 井的基础数据

层位		龙马溪组
井号		CNH5-1
施工井段，m		3570～5010
岩性描述		主要为黑色页岩
物性描述	孔隙度，%	6.0
	含水饱和度，%	—
	地层温度，℃	96.7
脆性指数		62.9

从表 5-8 中可以看出，该井的岩心脆性指数虽较 CNH5-2 井略低，但绝对值仍较高，依据压裂液类型选择基本依据，仍需采用滑溜水进行体积压裂，形成复杂缝网；同时，要求该井使用的滑溜水具有良好的降阻性能，满足长水平段施工需要。

按照西南油气田公司页岩气研究院《CNH5-1 井压裂酸化设计》理念，本井设计采用滑溜水压裂液进行体积压裂；同时，为满足大规模施工和压裂返排液回用等技术要求，设计的滑溜水压裂液须实现连续混配和可采用返排液配制等现场要求。最终，本井设计压裂施工主要采用耐高矿化度滑溜水压裂液，进一步考察耐高矿化度滑溜水的现场应用效果。

CNH5-1 井第 14 段采用耐高矿化度滑溜水进行配液施工，配液用水为压裂返排液，返排液的矿化度为 37700mg/L，硬度为 987mg/L。图 5-7 是 CNH5-1 井第 14 段压裂施工曲线。

从图 5-7 中可以看出，该施工层段采用耐高矿化度滑溜水施工的施工曲线平稳，施工泵压非常低，根据施工泵压、停泵压力计算施工摩阻为 4.02MPa/km，计算现场降阻率达 76.4%，滑溜水在高矿化度、高硬度压裂返排液中表现出了良好的降阻性能。

CNH5-1 井第 10 段配液用水为压裂返排液，返排液的矿化度为 39800mg/L，硬度为 1109mg/L。图 5-8 是 CNH5-1 井第 10 段压裂施工曲线。

从图 5-8 中可以看出，本施工层段的施工曲线与 CNH5-1 井第 14 段类似，施工泵压很低，而且施工过程中压力平稳，计算施工摩阻为 3.82MPa/km，计算现场降阻率达 77.5%。

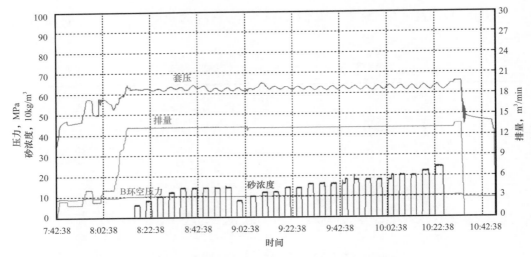

图 5-7　CNH5-1 井第 14 段压裂施工曲线

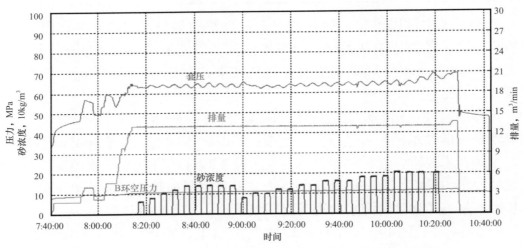

图 5-8　CNH5-1 井第 10 段压裂施工曲线

典型段的施工情况，利用施工泵压和停泵压力计算施工摩阻，并根据已知的清水摩阻计算降阻率，见表 5-9。

表 5-9　耐高矿化度滑溜水压裂液施工段摩阻统计

井段	泵压，MPa	停泵压力，MPa	施工摩阻，MPa/km	现场降阻率，%
CNH5-2 井第 14 段	70	50.83	5.07	70.2
CNH5-2 井第 15 段	69	51.25	4.78	71.9
CNH5-2 井第 16 段	70.5	52.15	5.03	70.4

井段	泵压，MPa	停泵压力，MPa	施工摩阻，MPa/km	现场降阻率，%
CNH5-2 井第 17 段	70	52.74	4.81	71.7
CNH5-2 井第 18 段	70	54.57	4.38	74.2
CNH5-1 井第 8 段	70	50.08	4.47	73.7
CNH5-1 井第 9 段	70	49.82	4.60	72.9
CNH5-1 井第 10 段	66	49.52	3.82	77.5
CNH5-1 井第 11 段	69	50.02	4.47	73.7
CNH5-1 井第 12 段	70	49.69	4.87	71.4
CNH5-1 井第 13 段	70	49.69	4.95	70.9
CNH5-1 井第 14 段	63	46.77	4.02	76.4
平均			4.61	72.9

从表 5-9 中可以看出，采用耐高矿化度滑溜水压裂液施工的井段，施工摩阻均较低，在矿化度为 34000~41000mg/L、硬度为 800~1200mg/L 的条件下，现场平均降阻率达到 72.9%，表现出良好的耐高矿化度和高硬度的降阻性能。

四、变黏滑溜水的现场应用

低摩阻可变黏滑溜水在 CN 页岩气区块进行了现场应用，根据现场情况及时调整添加剂用量，适时变黏，在保证低摩阻的同时通过增黏大幅提高携砂性能，实现了"密切割、高强度"加砂，确保了现场施工的顺利进行。以 N209H36B 平台为例，对低摩阻可变黏滑溜水的现场应用情况进行阐述，分析变黏效果。

N209H36B 平台共有 3 口井，构造位置为 CN 背斜构造中奥顶构造南翼。以 N209H36B-3 井为例，该井完钻井深 5850.0m，完钻层位龙马溪组，采用 139.7mm 套管完井，本井设计压裂段长 1954m，平均段长 61.1m，设计压裂 32 段，采用可溶性桥塞作为分段工具，主体采用变黏滑溜水体系，支撑剂采用 70~140 目石英砂 +40~70 目陶粒组合，现场准备一定量的 50~100 目高强度陶粒。主体施工排量不低于 16m³/min，控制施工压力在 95MPa 以下，采用段塞加砂方式，主体单段液量为 1800m³，加砂强度为 5t/m，单段加砂 320t。本次压裂的目的是开发 N209 井区龙马溪组页岩气资源，有效提高单井产量，快速建产。

以 N209H36B-3 井 12 段与 22 段为例，施工曲线如图 5-9 所示。

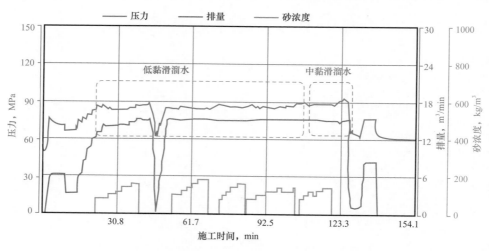

图 5-9　N209H36B-3 井 12 段施工曲线

从图 5-9 中得出，在压裂前期使用黏度为 1.2～2.7mm²/s 的低黏滑溜水进行加砂压裂作业，压力基本平稳保持为 87MPa，在施工后期，为了尽量将支撑剂全部送入地层裂缝中，改用黏度为 27～42mPa·s 的中黏滑溜水，在保证加砂施工顺利进行的前提下，压力并无明显上升。最后利用 40mPa·s 的中黏滑溜水清扫井筒残留的支撑剂。

由图 5-10 得出，压裂前期使用黏度为 1.3～2.8mm²/s 的低黏滑溜水，随着压裂的进行，加砂浓度由 200kg/m³ 提高至 280kg/m³，泵压逐渐升高，为了顺利完成加砂作业，使用了黏度为 21～40mPa·s 的中黏滑溜水，在保证压力无明显上升的前提下，提高了砂浓度。在中期降低砂浓度至 200kg/m³ 的过程中，改用黏度为 1.3～2.7mm²/s 的低黏滑溜水，压力有所下降，由 76MPa 降至 68MPa；后期为了进一步提高砂浓度，使用黏度为 27～39mPa·s 的中黏滑溜水进行压裂，在提高砂浓度的条件下，压力无明显上升。最后利用 40mPa·s 左右黏度的中黏滑溜水清扫井筒残留的支撑剂。

N209H36-3 井使用变黏滑溜水 5.96×10^4m³，现场液体黏度为 1～42mPa·s 可调，加砂强度为 5.0t/m，现场施工平均降阻率为 71%～75%，测试产量为 36.65×10^4m³/d，创国内页岩气单井最高加砂强度。

N209H36 平台现场试验证明，本变黏滑溜水体系适用于页岩气现场高强度加砂压裂作业，为页岩气井的顺利投产提供了保障。

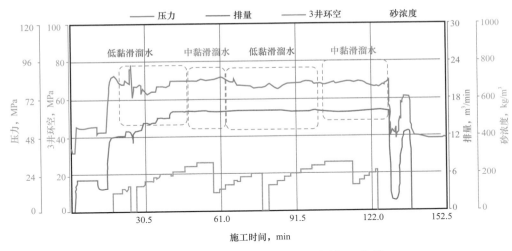

图 5-10　N209H36B-3 井 22 段施工曲线

第二节　工作液配套技术现场应用

一、井筒清洗技术在现场的应用

井筒清洗液作为一种有效的油泥堵塞物防治技术，自 2015 年起在长宁、威远、泸州和渝西等川渝页岩气区块广泛应用，截至 2020 年共应用了 425 井次。清洗液返排液中的固体杂质含量能够直观地反映出清洗液从井底携带出固体杂质的能力，统计返排液平均固含量为 3.78g/L，平均单井携带出的固体杂质含量为 113.4kg。

井筒清洗通常是为了预防油泥在井筒内部造成堵塞。以 CNH24-4 井为例，使用的是天然气研究院研发的 CT4-13 井筒清洗液。井筒清洗液入井前是淡黄色透明液体，液体返出后由于携带出了井筒内钻井液和污垢，变成了黑色，随着井筒清洗的进行，返排液的颜色逐渐变浅，最后返排液变成了半透明的清水状态（图 5-11）。并且，返排液固含量也是随之先增大后减小，清洗液返出的最前段和最后段的固含量较小，中间清洗液的固含量较高。井筒内原有液体呈灰黑色，而清洗基本完成之后，液体呈半透明的清水状，这说明清洗液携带出了较多的固体杂质（图 5-12）。该井筒清洗过程返排液平均固含量为 4.26g/L，共携带出固体杂质 166.1kg，取得了较好的清洗效果，起到了携带出井筒内污物的作用。洗井返排液密度变化如图 5-13 所示。

图 5-11　CNH24-4 井清洗液返排液状态图

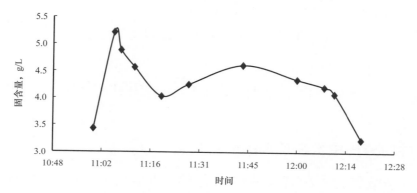

图 5-12　CNH24-4 井洗井返排液固含量数据

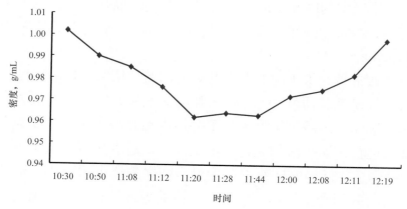

图 5-13　CNH24-4 井洗井返排液密度变化图

当通刮洗过程中井筒内残余油泥过多时，会导致压裂工具无法下入井底，导致压裂无法进行。此时，井筒清洗就作为堵塞解除技术使用。以 CNH14-2 井为例，该井压裂前射孔枪卡阻，启出时表面覆盖有黑灰色油泥。通过固含量测定、灰分含量测定、原油四组分分析、X 射线荧光光谱（XRF）分析、电感耦合等离体发射光谱（ICP-OES）分析、X 射线衍射（XRD）分析、傅里叶变换红外光谱（FTIR）分析、核磁共振（NMR）分析等对 CNH14-2 井取得的油泥进行了组分分析（表 5-10），样品的固含量为 89.5%，并且有较多的无定形物构成的胶质状物质。油泥在水中无法分散溶解，在井筒清洗液中搅拌后可以很好地溶解分散。压裂工具携带出污垢如图 5-14 所示，井筒清洗前后连续油管表面状态如图 5-15 所示。

表 5-10　CNH14-2 井垢样分析结果

编号	组分名称	质量含量，%	编号	组分名称	质量含量，%
1	沥青质	20.0～21.0	5	黏土	1.5～2.0
2	胶质	14.0～15.0	6	碱式碳酸锌	11.5～12.5
3	饱和分	28.0～29.0	7	三氧化二铁	1.5～2.0
4	芳香分	10.0～11.0	8	水分及易挥发组分	10.0～11.0

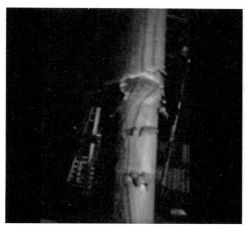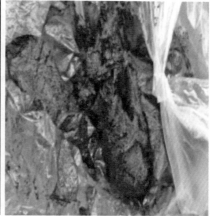

图 5-14　CNH14-2 井压裂工具携带出污垢图

图 5-15　CNH14-2 井井筒清洗前后连续油管表面状态图

用井筒清洗液进行了井筒清洗，清洗液在入井前呈澄清透明状态，返出时携带出了大量污垢并呈黑灰色，说明清洗液有效地起到了携带出井筒内污物的作用。连续油管入井经油基钻井液清洗液清洗后，表面的黑色油污状物质均被清洗干净（图5-15）。洗井返排液状态如图5-17所示。洗井施工完成后，压裂工具顺利入井，有效证明了改进后的微乳配方在解堵中具有较好的应用效果，有效地起到了清除污物、防止压裂工具因油泥卡阻难以入井的问题。

图5-16　CNH14-2井污垢溶解分散图

图5-17　CNH14-2井洗井返排液状态图

二、返排液回用及外排处理技术现场试验

1. 化学絮凝＋过滤为主的回用处理工艺现场试验

1）现场基本工艺

现场采用以化学絮凝＋过滤为主的回收处理工艺流程，如图5-18所示。

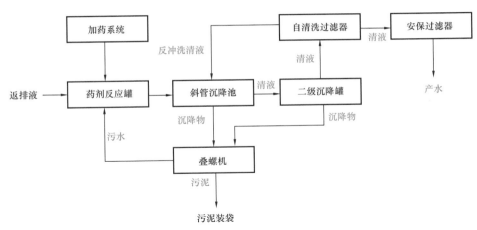

图 5-18　以化学絮凝 + 过滤为主的回收处理工艺流程

2）压裂液返排液处理前基本情况

压裂返排液低成本回用处理技术在川南页岩气进行了现场试验与推广应用，取得了良好的处理效果。以 CNH5 平台为例，对返排液处理效果进行分析。处理前的水质分析情况见表 5-11。

表 5-11　现场压裂返排液水样分析结果

项目	检测结果	
	返排液 1	返排液 2
外观	黑色	黄色
气味	臭鸡蛋味	臭味
矿化度，mg/L	38300	41300
硬度（以钙离子计），mg/L	973	1120
pH 值	6.0	6.0
TSS，mg/L	1092	502
SRB，个 /mL	$>10^9$	$10^6 \sim 10^7$
FB，个 /mL	$10^8 \sim 10^9$	$10^2 \sim 10^3$
TGB，个 /mL	$10^6 \sim 10^7$	$10^2 \sim 10^3$

从表 5-11 中可以看出，现场压裂返排液的水质较差，矿化度和硬度均较高，且含有大量的悬浮物，细菌含量高，存放过程中会因硫酸盐还原菌产生的硫化氢与二价铁离子结合，生成硫化亚铁沉淀而造成返排液变黑、发臭。

3）压裂液返排液回用处理效果

利用压裂返排液处理回用工艺，在长宁页岩气区块对 N201 井区的压裂返排液进行处理，累计处理压裂返排液 45370m³，大幅降低了返排液硬度和悬浮物含量，并抑制了返排液存放过程中的细菌滋生，处理后的水质优于 NB/T 14002.3—2015《页岩气　储层改造　第 3 部分：压裂返排液回收和处理方法》中返排液回用水质指标，成功回用于接替井压裂作业，返排液的回用率达 95.8%。

由表 5-12 中可以看出，压裂返排液经过处理后，硬度、总 Fe 浓度、TSS、细菌含量均大幅降低，且将 pH 值控制在 7.0～8.0 之间，与滑溜水添加剂的配伍性良好。

表 5-12　压裂返排液处理前后水质

参数	硬度，mg/L	总 Fe，mg/L	pH 值	TSS mg/L	SRB 个/mL	FB 个/mL	TGB 个/mL	配伍性
处理前	800～1200	5～18	5.5～7.5	200～1200	10^2～10^9	10^2～10^9	10^2～10^7	无沉淀，无絮凝
处理后	200～300	0～3	7.0～8.0	4～18	0～13	0～600	0～6000	无沉淀，无絮凝
NB/T 14002.3	≤800	≤10	6～9	≤1000	≤25	≤10^4	≤10^4	无沉淀，无絮凝

由图 5-19 中可以看出，压裂返排液处理前呈黄色（放置一段时间会变黑、发臭）、浑浊，处理后的返排液清澈，且在存放的过程中未出现变黑、发臭现象。

(a) 处理前返排液　　　　　　　　(b) 处理后返排液

图 5-19　压裂返排液处理前后外观对比

2. 电絮凝 + 过滤为主的回用处理工艺现场试验

1）现场基本工艺

现场采用以电絮凝 + 过滤为主的回收处理工艺流程，如图 5-20 所示。

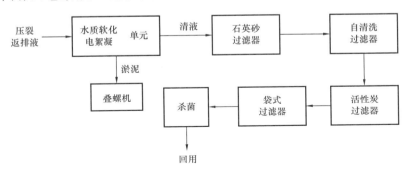

图 5-20 以电絮凝 + 过滤为主的回收处理工艺流程

压裂返排液首先被泵入电絮凝池中，并加入碱液沉淀高价金属离子；同时开启电絮凝对压裂返排液中的悬浮物和高价金属离子沉淀物进行絮凝，并泵入高分子有机絮凝剂来加速絮体聚集、沉降。电絮凝采用特殊的铝极板为电极，避免了铁极板产生的铁离子对后续压裂返排液回用性能的影响（铁离子对压裂液性能影响巨大）。同时，该电絮凝正负极可设定时间自动切换，在很大程度上避免了电极的结垢问题。电絮凝池的上层清液被泵入石英砂过滤器，通过石英砂过滤后的清液进入自清洗过滤器（精度 20μm），产生的清液再泵入活性炭过滤器进行吸附除臭。活性炭过滤器出来的清液进入袋式过滤器中（3~5μm）进一步降低悬浮物含量。最后，通过药剂泵泵入杀菌剂杀菌、抑菌，得到的清水满足回用水质要求。

2）现场试验情况

以压裂返排液回用处理工艺流程，设计建设了一套处理能力达 20m³/h 的压裂返排液回收处理装置，先后在威远、长宁页岩气区块进行了现场试验，均获得成功。压裂返排液处理后的水质远优于 NB/T 14002.3—2015《页岩气 储层改造 第 3 部分：压裂返排液回收和处理方法》中返排液回用水质要求，在存放过程中未出现变黑、发臭现象，其中悬浮物含量降至 20mg/L 以下，硬度降至 100mg/L 左右，铁离子含量降至 0.05~0.4mg/L，菌落总数降至 10^4CFU 左右，无色透明。